半導体ニッポン

国際技術ジャーナリスト
津田建二

フォレスト出版

はじめに

新型コロナに見舞われていたころからでしょうか。半導体不足に見舞われ、お風呂やトイレ、湯沸かし器などが故障しても、「半導体が手に入らないから直せません。製品も入荷しません」という事態が起こりました。

私たちがこれまで全く気にもしなかった半導体製品が、身のまわりの大事な設備にまで入り込んでいたことに改めて気がつきました。

家庭の風呂は沸くと自動的に教えてくれるだけではなく、自動的に火を止めてお湯が沸騰しないように設計されています。すっかり便利になり、これが当たり前だと思い込んでしまっていましたが、そういえば昔は、お湯が沸いたかどうかを何回も見に行き、湯船のお湯をかき混ぜてちょうどいい湯加減の温度になるまで、まだかまだかと待っていたものです。

自宅の風呂でさえ、最適な温度になるように人間が作業していたのに、今は全て自動的にちょうどいい温度にしてくれます。
こういった便利な機能を果たしてくれるのが半導体の力です。

私は半導体を中心にエレクトロニクスを40年以上もフォローしてきた技術ジャーナリストです。半導体トランジスタが誕生したのが１９４７年12月。当時はまだ自分は生まれていませんでしたが、小中学生の時にトランジスタラジオを作ろうと思った「ラジオ少年」でした。

子ども向けの科学雑誌を購読していましたが、その中に「錆びた鉄でもラジオを聴ける」という一文がありました。当時は「へえー」と思っていただけでしたが、なぜか記憶の片隅にそのことが残っていました。そして、大学で固体物理学を学んでいた時に、半導体材料の一つにFe_2O_3があることを知りました。これが錆びた鉄です。

卒業してある総合電機メーカーに入り、今度は半導体開発に取り組みました。当時はディスクリートといい、トランジスタ単体の開発でした。信頼性評価や設計開発などの仕事をしていましたが、もっといろいろな半導体を知りたいという思いが強まり、会社を辞め、技術ジャーナリズムの世界に飛び込みました。

以来、半導体、集積回路（ＩＣ）を中心に技術ニュースを追いかけてきました。

その間、東北大学の西沢潤一先生や大見忠弘先生、東京工業大学（現・東京科学大学）の古川静二郎先生、東京大学の菅野卓雄先生、産業技術総合研究所の垂井康夫博士や林豊博士など、日本の半導体研究のトップ研究者への取材を含め、たくさんの方々にお世話になりました。

海外でも、半導体のプレーナ技術を発明したジャン・ホーニ博士や、モノリシックICを提案したインテルのロバート・ノイス博士などにも取材させていただきました。

半導体の発展期には、アームの創業者でCEOだったロビン・サクスビー卿や、今日のVLSIの設計指針となる教科書を書かれたカリフォルニア工科大学のカーバー・ミード博士とゼロックスパロアルト研究センター（PARC）のリン・コンウェイ博士（故人）、パソコンの父といわれているゼロックスPARCのアラン・ケイ氏、高温超電導物質を発見したIBMのアレックス・ミューラー博士とヨハネス・ベドノルツ博士にもお会いして話を聞きました。

そして今、半導体のけん引車はアナログの電機からデジタルのITに変わりました。日本の総合電機はこの変化に周回遅れで気がつきました。AI（人工知能）やIOT（ワイヤレスセンサなどインターネットに接続する）、5G／6Gなどの無線通信技術などの先端テクノロジーが世界中で花を開きはじめています。周回遅れになってしまった日本がこの先勝つためには、これらのトレンドをしっかりと押さえ、世界の流れをウォッチしながら競争するという意識で開発しなければなりません。

この本は日本の敗因を分析し、それらに基づいて、これからの未来に向けて世界と競争するための戦略を提案しています。これまでの半導体の本は、製造と製品の種類が中心でしたが、ここでは応用、設計、製造、さらにサプライチェーンとも関わる半導体産業の全貌を紹介しました。

これまでの半導体の本との大きな違いは、半導体が「産業のコメ」ではなく、「産業の頭脳」になったという点です。日本はこの認識に欠けており、頭脳を追いかけず相変わらず部品レベルで議論してきました。これからの半導体は「システム全体を設計していく頭脳である」という認識で世界と競争していくことになります。

これから日本が世界と互角に対応していくためのアイデアをところどころに散りばめています。日本の半導体産業が世界と同じ土俵で戦っていくことを願ってやみません。

半導体ニッポン　目次

第2章 日本の半導体産業——「これまで」と「これから」 039

第3章 半導体産業の全貌を眺める

第4章 これだけは押さえておきたい「半導体」のこと

第7章 半導体産業の成長企業群

第1章

半導体産業の
最新地図

1-1

盛り上がりをみせる半導体産業

最近は、半導体の記事を見ない日がなくなった。

2023年、米国ファブレス半導体企業の**エヌビディア**が時価総額で1兆ドルを達成、2024年に入ると一時的だがマイクロソフトまで抜いて3兆ドルを超えるようになった。

2024年6月はじめに台湾で開催された、アジア最大のコンピュータ見本市に出席したエヌビディアのCEO（最高経営責任者）のジェンスン・ファン氏は、報道陣だけではなく一般の参加者にまで囲まれ、まるで半導体業界のテイラー・スウィフトだ、と台湾メディアが呼んでいた。

時価総額が1兆ドルを超える企業は、GAFA（グーグル、アマゾン、フェイスブック（現メタ）、アップル）あるいはGAFAM（＋マイクロソフト）のIT企業や石油会社のアラムコだけではなくなった。電気自動車のテスラとこのエヌビディアも加わり7社となり、バンク・オブ・

アメリカは**マグニフィセント・セブン（偉大なる7社）**と呼んだ。

Magnificent Sevenはかつての西部劇『荒野の七人』の原題である。元をたどれば黒澤明監督の『七人の侍』に行き着く。サムライという言葉には単なる武士に留まらず、誇り高いという意味もある。Magnificentにもそのような意味があるようだ。

エヌビディアだけではない。台湾のファウンドリ企業**ＴＳＭＣ（台湾積体電路製造）**も時価総額が２０２４年7月に一時１兆ドルを超えた。

企業の時価総額は今やＩＴ企業が上位を占めるようになった。アップルやマイクロソフト、アルファベット（グーグル）などに加えて半導体メーカーが上位10位までに2社（エヌビディアとＴＳＭＣ）、11位にはブロードコムが加わるようになった。半導体が成長産業であることを、株式市場は証明している。ちなみに世界一の売上額を誇るトヨタ自動車は49位であった（２０２４年8月10日現在）。

経済産業省がＴＳＭＣを熊本県に誘致し、トヨタ自動車やデンソー、ソニーも一部出資、ＪＡＳＭ（ジャパン・アドバンスト・セミコンダクター・マニュファクチュアリング）を設立した。工場の建屋は完成している。今後は製造装置を搬入し、実際にシリコンウェーハを流して所望の特性が歩留まりよく得られるかどうかを確認し、ＯＫであれば稼働を開始する。ただし、１回でＯＫになることはほとんどないため、何回か流して徐々に歩留まりを上げて生産開始に持っていくことが多い。

設立当時は、「いまさら大手半導体メーカーを誘致したところで日本の半導体産業は復活しない」。このように見る業界人は多かった。

しかし、ＪＡＳＭファウンドリに続けというばかりに、米国パワー半導体のオンセミが売却先を探していた旧三洋電機の新潟工場を、スタートアップのＪＳファンダリが購入した。

ＪＳファンダリは、ドイツ証券出身の産業創生アドバイザリを務める佐藤文昭氏がファンドを説得して設立した半導体製造を請け負うサービス工場である。

また、台湾のＰＳＭＣという集積回路メーカーを国内ファンドのＳＢＩホールディングスが誘致し、宮城県に工場を設立することを決めた。しかし、工場を建設する前の２０２４年10月に両社の間で話し合いがもの別れになり、工場建設は幻に終わった。

わずか資本金73億円でラピダスを設立

２０２２年8月にわずか資本金73億円で設立されたラピダスは、ほぼ国策会社だ。３カ月後の11月に設立を発表したのは、ＮＥＤＯ（新エネルギー・産業技術総合開発機構）という経済産業省傘下のファンドから、補助金７００億円を受けることが決まったからだ。**半導体製造工場は73億円の資本金ではとても運営できない。一つの工場を新規に建てる場合、最低でも２０００億円、先端工場となると１兆円以上かかる。**ラピダスが目指すのは**２ｎｍ**（ナノメートル）という製造技術を持つ超最先端の工場であり、同社ＣＥＯの小池淳義氏は総額５兆円くらいかかると見ている。

ラピダスは２０２４年４月にはそれまで総額９０００億円強の補助金を国から得ており、北海道の千歳市で工場建設を進めている。今のところ、自力で稼ぐことはできないが、金融機関やファンド、顧客企業などからの出資を仰ぐことをせず、資金をすべて国から頼っている。経産省も**２ｎｍプロセス**という「先端」という言葉が大好きなようで、先端工場なら補助金を出しやすかったという面もある。

ラピダスの社長である小池淳義氏は、いきなり２ｎｍという微細な先端技術を開発する理由を「成熟製品よりも儲かるから」と述べているが、開発はそう簡単ではない。ベルギーにある世界的な半導体研究所のアイメック（ｉｍｅｃ）や実際に２ｎｍ相当のトランジスタを試作した経験のあるＩＢＭと提携し、技術の習得に励んでいる。

設立当初は５年後の２０２７年に量産という計画だったが、ラピダスと同様のファウンドリを推進するＴＳＭＣは２０２５年から２ｎｍプロセスを量産開始としている。しかし、半導体産業においては試作開発と量産とは次元が全く違う。例えば製造装置は1ロット流しただけで製造条件が変わってしまうことがあるため、1ロットごとに製造装置を調整して歩留まりを確保するための生産技術を習得する必要がある。量産経験がない研究所から指導を受けて、果たして生産できるのかという疑問の声は強い。

だからラピダスはうまくいかない、というつもりはない。**2nmに向けての問題は山積みだが、一つ一つつぶしていけばよいからだ。**その覚悟がラピダスに本当にあるかどうかが問われている。

AIを実現するために欠かせない半導体

半導体がもてはやされている最大の理由は、**生成AIをはじめとするAI**（人工知能）**の実現に欠かせないからだ。**生成AIには成長がこの先10年以上も見込まれており、AIには半導体が欠かせない。

AI技術は、2012年、画像認識技術に**ニューラルネットワーク**のモデルを適用することで誤認識率が格段に減ったことで急速に広まってきた。

AIとは、人間の頭脳の仕組みであるニューロン（神経細胞）が互いに手を組むニューラルネットワークの仕組みを利用してコンピュータに計算させる技術のこと。コンピュータを使った技術のすべてではないうえ、簡単なマイコン操作による自動制御技術でもない。機械にさまざまなデータを学習させて蓄積したデータを元に今度は、新しいデータが入ってきた後に推論してそのデータがなんであるかを判定する技術である。

だからＡＩで何でもできるわけではない。今のところ何か作業をさせる場合には、その作業専用のＡＩしかできないのである。

例えばクルマの自動運転にはＡＩによる画像認識が欠かせないが、クルマなのか、トラックなのか、人なのか、自転車なのかなど判別するためのＡＩ（画像認識）、自動運転のバスならバスの道を学習するＡＩ（これも画像認識）など、それぞれ別々のＡＩを作らなければならない。ＡＩスピーカーが数年前に登場したが、ボキャブラリはさほど多くなく何を聞いても答えてくれるわけではない。

しかし**対話型のＡＩ**（自然言語認識）**では生成ＡＩが生まれ、どのようなこともうまく対話できるようになってきた。**それは巨大なデータを学習しているからだ。筆者は生成ＡＩのチャットＧＰＴを初めて使ったとき、汎用ＡＩに一歩近づいたと直感した。汎用ＡＩこそ、何でも答えてくれるＡＩだ。ただし、チャットＧＰＴは２０２１年以前の情報しか学習しておらず、しかも英語ベースで学習したため日本の情報は少ない。このため日本のことを聞いても満足いく答えは得られなかった。このため日本語情報を学習させる必要があり、日本各地で進められている。

最近では、答えにくい質問をすると、「そのことについてまだ発表されていません」などといった回答をする。うまく逃げる答え方を学習させられているからだ。

生成AIは、特に大規模なモデルを学習させるため、データ量はこれまでのAIよりもはるかに多い。例えばチャットGPTはエヌビディアのGPU（グラフィックプロセッサ）を数千個並列処理しており、データを学習させるのに300日程度かかったといわれている。

だからもっと性能の高いGPUやAIチップが求められるのである。もし10倍の性能のAIチップがあれば300日が30日に激減するため、データの学習には高性能なAIチップが求められるのだ。

半導体は量子利用や脱炭素にも

量子コンピュータも研究開発されつつあるが、それを制御するのも実は半導体である。暗号やセキュリティを高める技術もこれまでのソフトウェアのみならずハードウェアである半導体ICも加えることで極めて強力になる。

さらに2050年までに温室効果ガスの発生と吸収の合計をゼロにする**カーボンニュートラル**に向けてさまざまな技術が求められているが、CO_2を吸収する植物、CO_2を分解する技術などに加え、再生可能エネルギーやエネルギーを無駄にしない省エネ技術は半導体の活躍の場である。また電力網の制御や再生可能エネルギーから基幹電力網へ電力を送る場合も半導体が求められている。もちろん電気自動車には必須だ。

変わったところでは、レーザーやLEDも半導体であり、**光る半導体**といわれている。現在、世界中でさほど遅れることなく通信できるようになったのは、レーザーと受光器をはじめとする半導体チップを使い、光ファイバという配線によって世界中がつながっているおかげだ。また通信ネットワークで大量の人が同時に通信できるのは基地局内や基幹局同士を光ファイバで結んでいるためでもある。

半導体はもはや頭脳になった

これほどまでに半導体が普及したのは、単なる電子回路の枠を超えて、コンピュータというべき頭脳になったからだ。頭脳は計算や制御、判断などさまざまな処理ができるように、半導体チップもさまざまな処理を担えるようになっている。さらに人間と同様、一瞬で猫や犬、人間を見分けられるようになったのはＡＩに使われる半導体のおかげである。

半導体チップが頭脳の役割をこなすようになったため、あらゆる装置やシステムに欠かせなくなってきたのである。かつては**産業のコメ**といわれ、半導体は単なる部品にすぎなかった。部品であれば、コメのように麺類やパンなどの代替品はあるから、「使えば便利」程度の存在でしかなかった。

しかし、さすがにシステムの頭脳となれば無視できない。欠かせなくなった。むしろ積極的にもっと賢く、という要求が高まった。従来のようなコンピュータでは時間のかかるような処理にはＡＩで簡単に判断できるようになった。つまり、**コンピュータ＋ＡＩ**である。

かつてＩＢＭは、従来のコンピュータを人間の頭脳のうちの論理思考を司る左脳とし、ＡＩは人間の感情を司る右脳に相当し、互いに補完し合うものと位置付けた（図１－１）。現実に、算術計算にはコンピュータによる計算が向き、人間の顔を一目で他の人との違いを判別し特定の人を認識するにはＡＩが向く。

さらにＡＩの元となったニューラルネットワークのモデルを使って計算するのはやは

図1-1　左脳は従来型コンピュータ、右脳はAIコンピュータ

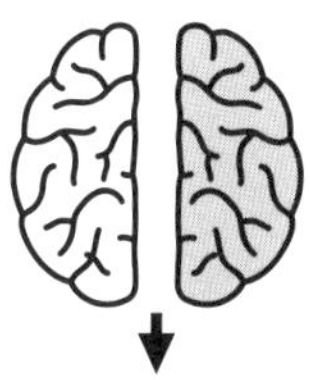

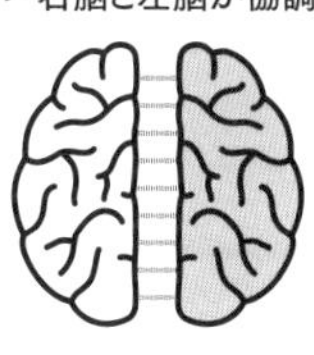

出典：IBM資料より著者作成

りコンピュータである。それも線形代数に基づく行列演算であり、その中身は積和演算を使う。

コンピュータの心臓部分はＣＰＵと呼ばれる中央処理回路だが、割り込み作業を受け付けたり、割り算や引き算も行ったりするという汎用性がある。

しかしＡＩで使う演算は積和演算が中心で演算結果をメモリに保存したり、学習させたりするための「重み」と呼ばれるパラメータを格納するメモリを用意するなど、ＡＩ作業を行うための専用の回路が必要となる。

結論として、**半導体ＩＣ（集積回路）が人間の左脳と右脳、さらに記憶などの業務をできるようになった。だから半導体ＩＣが**

頭脳と呼ばれるようになったのである。

人類が進化するように半導体ＩＣも進化するようになる。ただし、半導体ＩＣが勝手に人間と同じようになんでも生み出せるようになっているわけではない。やはり人間が手を加え、もっと賢い処理ができるように半導体を進化させていくことになる。

1-2 日本の半導体産業の現状

世界と比較して没落してきた日本

先ほど述べたように、世界では全世界企業の時価総額トップ20社のうち、半導体企業が３社入り、半導体は成長産業の代表となっている。これに対して、世界の半導体が成長しているのに日本の半導体市場は全く成長していない。30年間フラットのままだ（図１－２↓028ページ）。このグラフは、ＷＳＴＳ（世界半導体市場統計）の公表している数字を集めたもので、世界の成長からいかにも遅れていることがよくわかる。

ここでいう市場とは、半導体製品をユーザーに手渡した地域とＷＳＴＳは定義している。このため、半導体製品を使う人が日本では増えていないことを示している。かつては日本の総合電機メーカーは、半導体製品を大量に購入、消費していた。テレビやＶＴＲ、ラジカセなどが半導体製品をけん引していたからだ。

図1-2　半導体市場は世界が成長しているが日本だけが成長していない

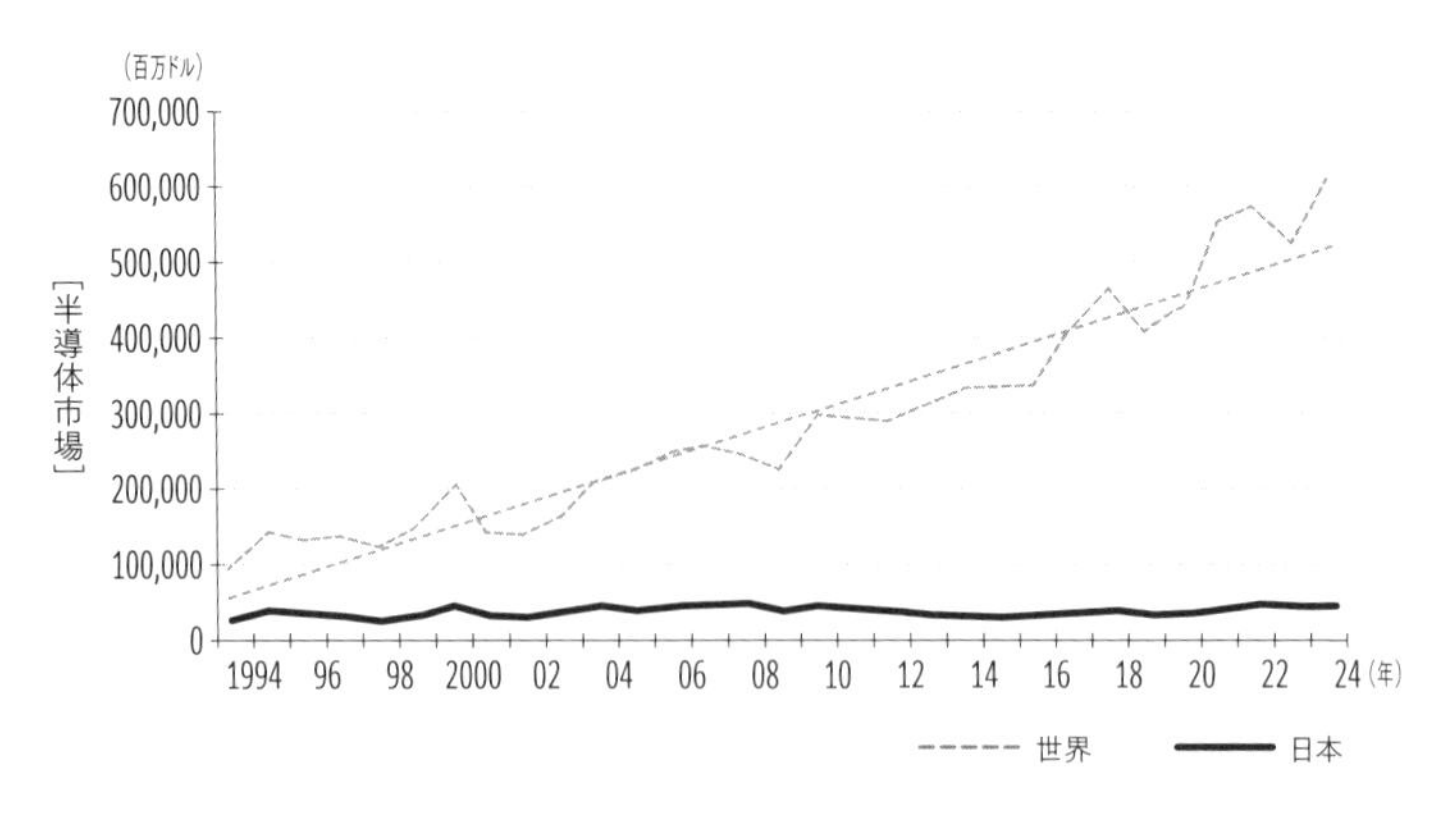

出典：WSTSの公表値を筆者がグラフ化

しかしこれらのアナログ製品からデジタルテレビやパソコンやスマートフォン、CD-ROMなどのデジタル製品に変化してくると、**日本の総合電機はデジタル化の波に乗れず、世界から取り残されてしまった。**

東京大学モノづくり経営研究センターのセンター長だった藤本隆宏名誉教授（現早稲田大学ビジネス・ファイナンス研究センター研究院教授）は、日本が得意としてきた従来の擦り合わせ技法からデジタル化によってモジュール化にシフトし、日本がモジュール化に対応できず没落したという分析を行っている。このため、総合電機の一事業部門であった日本の半導体企業も没落するようになった。

半導体を購入する企業が日本では全く増えていない。世界中の企業が半導体を買うようになり、日本の企業とは全く対照的なふるまいを示している。半導体市場ではなく、半導体企業の本社のある地域別に半導体の販売額のシェアを分析したのが図１－３（→０３０ページ）である。この図からいえることは、**日本の半導体企業のシェアは、1989年の50％強をピークに落ちる一方で、今では10％を切るまでに没落した。**２０２３年は欧州に抜かれ、９％まで落ちた。

世界と比べて相対的な地位が大きく低下していることがよくわかる。２０２３年は、むしろ欧州が盛り返した感じになっており、２０２１年の９％から徐々にシェアを上げてきて、12・７％まで盛り返している。日本は２０２２年に10％で下げ止まったかに見えたが、**歴史的な超円安の影響により、ドル表示で世界を揃えると一段と下がり9％に低下した。**

浮き沈みのある日本市場の現状

２０２３年１～12月における、日本の半導体産業で最も売上額の多いのは、ソニーセミコンダクタソリューションズの１兆５５３０億円、ルネサスエレクトロニクスの１兆４６９７億円、そしてキオクシア（旧東芝メモリ）の９９９７億円となっている。前

図1-3　半導体企業の本社のある地域別のシェアの推移

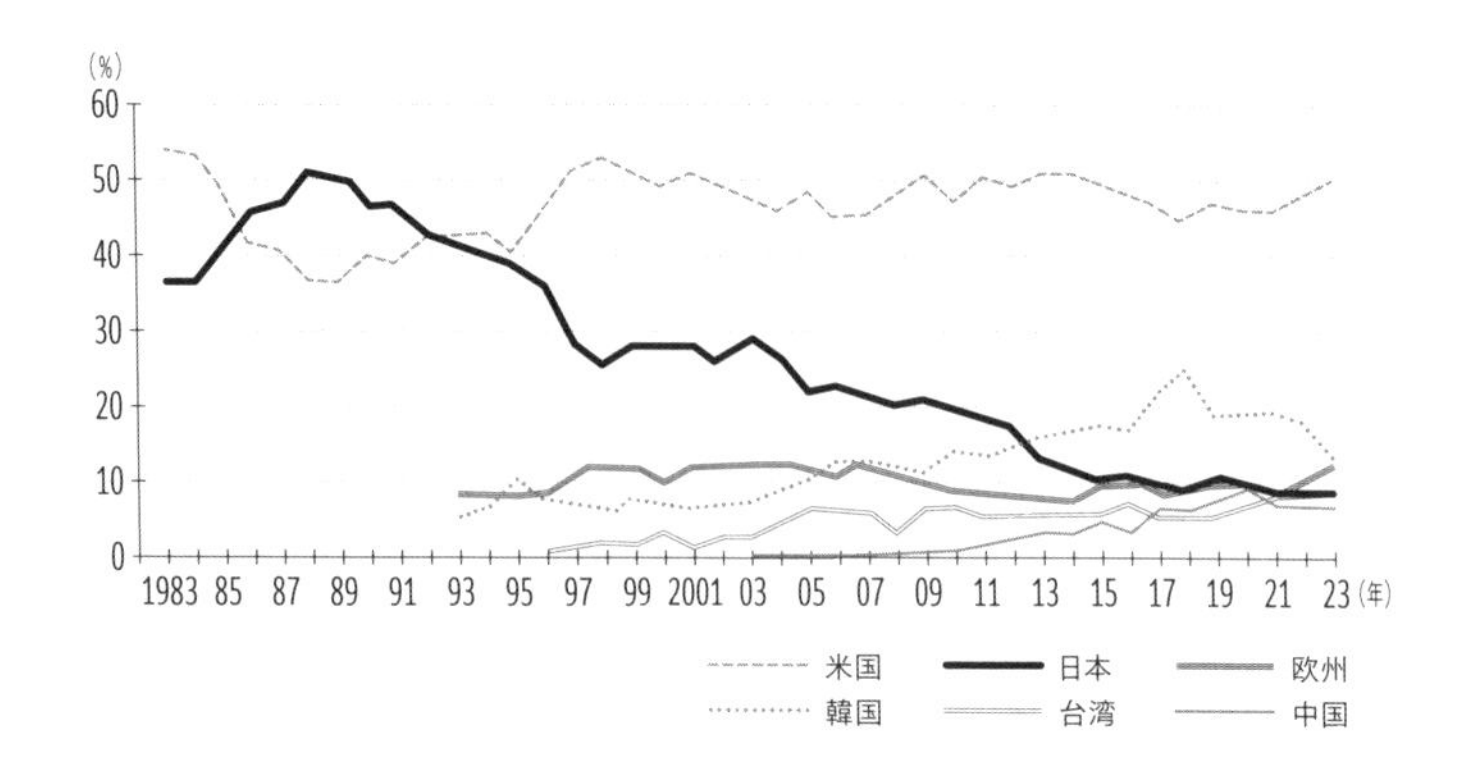

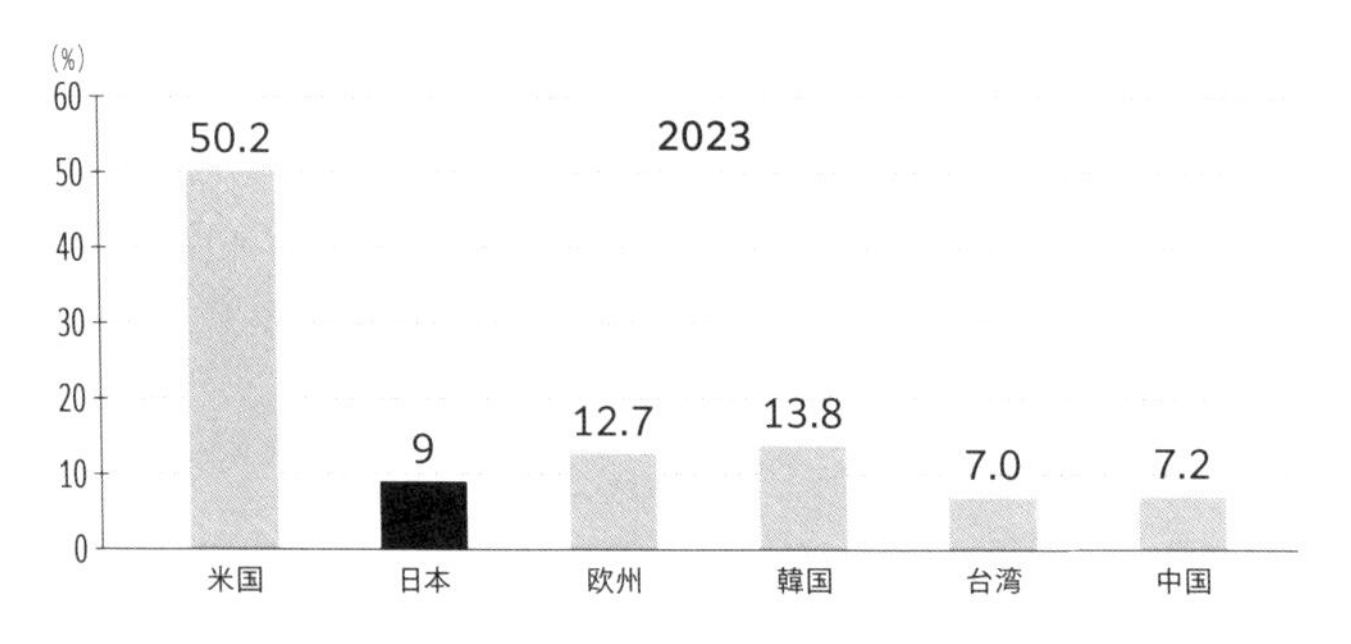

出典：SIA、WSTS

※ 上の図は各国の半導体市場シェア、下の図は2023年における各国のシェアを示す

年比では、ソニーが18・7％増、ルネサスは2・2％減だったが、キオクシアは30％減と大きく凹んだ。ソニーはアップル向けのイメージセンサで大成功を収めており、3～4眼カメラがハイエンドからローエンドまで拡大し、カメラの数量とともにセンサの数量も増えたことで売り上げ増につながった。

ルネサスもそれほど大きく凹むことなくわずかな減少で済んだ。ルネサスは、もはやかつてのルネサスではなくなった。海外の売り上げが80％弱と増え、国内向けのICメーカーから大きく脱却したことで成長を遂げている。買収したIDTのマネージャーをルネサスのマネージャーに引き上げ、シリコンバレーの最新情報を常に取り入れているだけではなく、これまでカバーの低かったインドやアジアの受注（デザインイン）を増やしてきている。日本人社員は過半数を割り、グローバル競争できる体制を整えている。現在（2024年8月時点）の柴田英利CEOに代わってから海外売り上げを増やすことでルネサスの成長につなげている。

キオクシアは、スマホとパソコンの市場に大きく左右されるNAND型フラッシュメモリを手掛けているが、ここも海外売上比率が上がってきている。ただし、スマホとパソコンの市場が飽和してきている世界的な影響を受け、大きく凹んだ。

DRAMなどのメモリビジネスは浮き沈みが激しい。

２０１７年～２０１８年のメモリバブルでは大きく成長したものの、その反動によって２０１９年は沈んだ。そして２０２０年からの新型コロナの影響でオンライン業務や教育が増え、パソコン需要が盛り返した。ただ、車載向け半導体はロックダウンからの回復が大きく遅れ、車載用半導体から端を発した半導体不足の影響で需要が急増した。

しかし流通系を中心に、半導体メーカーへの二重、三重の発注によって流通系とユーザーの在庫も急増し、その解消に22年後半から23年いっぱいかかり生産調整が続いた。24年になってようやく在庫調整が終わりに来て生産量を少しずつ増やしていく結果になってきている。本格的な回復は24年後半から25年だといわれている。

日本の半導体企業のトップテンとは？

上記のソニー、ルネサス、キオクシアは日本のトップ3社だが、世界的に見るとトップ10にも入らない。２０２２年の世界半導体企業売上高ランキングでは1位サムスン電子、2位インテル、3位クアルコムとなっていて、日本企業トップのルネサスが16位、キオクシア17位、ソニー18位という順になっている（図1－4）。

この時点では、メモリメーカーのサムスンがトップで、インテルが2位に甘んじてい

図1-4 2022年における世界半導体トップ20社ランキング

順位		企業名	売上高		
2021	2022		2021（百万米ドル）	2022（百万米ドル）	変化率（%）
2	1	サムスン電子（SamsungElectronics Co., Ltd.）	75,208	67,055	-10.8
1	2	インテル（Intel Corporation）	76,569	60,810	-20.6
4	3	クアルコム（Qualcomm, Inc.）	29,333	36,722	25.2
5	4	SK ハイニックス（SK hynix Inc.）	35,778	34,100	-7.3
6	5	ブロードコム（Broadcom Inc.）	21,041	26,956	28.1
5	6	マイクロンテクノロジー（Micron Technology、Inc.）	29,019	26,870	-7.4
10	7	AMD（Advanced Micro Devices, Inc.）	16,154	23,777	47.2
7	8	エヌビディア（NVIDIA Corporation）	20,566	21,049	2.3
9	9	テキサス・インスツルメンツ（Texas Instruments Inc.）	17,199	18,897	9.9
8	10	メディアテック（MediaTek Inc.）	17,464	18,524	6.1
12	11	アップル（Apple Inc.）	13,097	17.077	30.4
14	12	ST マイクロエレクトロニクス（STMicroelectronics NV）	12,761	16,128	26.4
11	13	インフィニオン・テクノロジーズ（Infineon Technologies AG）	15,705	15,764	15.0
15	14	NXP セミコンダクターズ（NXP Semiconductors N.V.）	10,846	12,954	19.4
17	15	アナログ・デバイセズ（Analog Devices, Inc.）	9,748	12,097	24.1
16	16	ルネサスエレクトロニクス（Renesas Electronics Corporation）	9,935	11,453	15.3
13	17	キオクシア（KIOXIA Corporation）	12,948	11,021	-14.9
19	18	ソニーセミコンダクタソリューションズ（Sony Semiconductor Solutions Corporation）	8,909	9,417	5.7
20	19	オンセミ（onsemi）	6,488	8,069	24.4
21	20	マイクロチップ・テクノロジー（Microchip Technology）	6,327	7,893	24.85

出典：OMDIA 2023 年資料より

る。そして今をときめくエヌビディアはまだ8位にランクインしている。これでも日本で最も稼いだルネサスが16位だから、はるかに上のレベルに来ている。２０２２年の平均円ドルレートは約１１９円だったからルネサスは１２１億ドルを売り上げていた。

日本の半導体メーカーはこれら3社だけではない。ややデータは古いが、２０２１年における日本の半導体企業のランキングを市場調査会社のオムディアが持っている。それによると、**1位キオクシア、2位ルネサス、3位ソニー、4位ローム、5位東芝、6位日亜化学、7位三菱電機、8位サンケン電気、9位富士電機、10位ソシオネクスト、**となっている（図１－５）。

日本トップスリーの3社はおおよそ売上１兆円前後だが、それ以下となるとその半分以下となる。4位のロームはアナログＩＣやパワー半導体（高い電圧、大きな電流を扱うことができる半導体）で稼いでおり、5位の東芝もパワー半導体をはじめとするディスクリート（個別）半導体を量産している。日亜化学は青色発光ダイオード（ＬＥＤ）の発明によって23億ドルを稼いでいる。7～9位はパワー半導体が強いメーカーだが、売上額はそれほど多くない。ソシオネクストは唯一の工場を持たないファブレス半導体で、海外の半導体メーカーから設計作業を行うデザインハウス的な色彩が強い。自社ブランドのＩＣは少なく大部分はＯＥＭブランドのＩＣだからである。

図1-5　日本の半導体企業のトップテン

順位	企業名	2020年 売上高 （億ドル）	2021年 売上高 （億ドル）	21/20 成長率 （%）
1	キオクシア	107.58	129.48	20.4
2	ルネサスエレクトロニクス	67.12	99.35	48.0
3	ソニーセミコンダクタ	87.10	89.09	2.3
4	ローム	26.79	32.66	21.9
5	東芝	25.52	29.71	16.4
6	日亜化学	20.99	23.39	6.7
7	三菱電機	15.78	19.44	15.9
8	サンケン電気	12.37	13.62	10.1
9	富士電機	10.86	13.22	21.7
10	ソシオネクスト	8.42	11.06	31.4
	日本企業全社合計	435.00	518.04	19.1

出典：OMDIA2023年資料より

さらにこれらの下にも日清紡マイクロデバイスやミネベアミツミなどの中堅企業がいる。

日清紡は旧新日本無線とリコーマイクロデバイスを買収し半導体企業となった。2023年の売上額は767億円。ミネベアミツミはミツミとエイブリック（旧精工舎）の半導体部門がある。2024年3月期におけるセミコンダクタ&エレクトロニクス部門のうちの半導体売上額は750億円程度だが、日立のパワーデバイス部門を買収したことで25年3月以降には営業利益1000億円を突破し、2029年には2500億円を目標に掲げている。

半導体産業への支援はもはや国策に

政府、経済産業省が半導体産業に対する支援に目覚め、TSMCの誘致やラピダス設立に加え、日本の3大半導体メーカーや4番手のロームにも支援することになった。米国で半導体産業の強化と科学技術分野への投資を促す**CHIPS法案**が成立し、民間企業の研究開発や設備への投資を国ができるようになった。このことが日本でも支援しようという動きにつながっている。さらに欧州でも欧州版CHIPS法案が成立し、欧州で半導体製造への強化につながっている。

日本では、２０２３年までにラピダスへの３３００億円の補助を経産省が表明。24年度にはさらに５９００億円を投じることで総額９２００億円の補助金をラピダス１社に投じている。さらにソニーやルネサス、キオクシアなどの新工場建設などの設備投資に補助金を与えており、２０２１年から3年間で３・９兆円を補助金として支援したことになる。

この金額について、財務省は他国と比較している。**米中対立などを背景に過去3年間の補正予算に計上した半導体支援額は、経済産業省を中心に約3・9兆円。国内総生産（GDP）比は0・71％で、半導体メーカーの誘致や育成に注力する米国の0・21％、ドイツの0・41％をそれぞれ超えるという。**（時事エクイティより）。

日本では、これまで政府が半導体を支援してこなかったため、半導体産業が弱体化し、半導体開発人口が減っている。特に設計者の人口が減少し、人材育成が早急の課題となっている。

第2章

日本の半導体産業

——「これまで」と「これから」

2-1

日本の半導体産業が衰退した理由

世界では半導体が成長しているのに、なぜ日本だけが成長せずに落ち込んできたのだろうか。理由はたくさんある。これまでは、霞が関（経済産業省など）による指導やコンソーシアムがすべて失敗した。**日米両政府による取り決め（日本での外国製半導体の市場シェアを20％以上にすること）を丸呑みし、外国製半導体を優遇し日本製半導体をおろそかにした**という意見がこれまで強かった。

確かに米国は1980年代に日本市場における外国半導体製品のシェアを20％に引き上げよ、という無茶な要求（日米半導体協定）を突きつけた。最近分かったことだが、米国メディアに掲載されていた記事の中で、シェア20％という要求をまさか丸呑みするとは思わなかったというコメントを見つけた。交渉してもっと下げることを日本側がしなかったのだ。

しかし、それだけだろうか。日本の半導体メーカーやその事業部門を支配する総合電

図2-1 日本が没落した理由（取材ベースで10年以上費やした）

問題の所在	没落の要因	要因の分析	対策
経営	適切な時に投資しなかった	経営の理解不足	半導体は半導体側に
経営	横並びの経営判断、無責任	経営の理解不足	半導体は半導体側に
経営	わからなくても支配したがる	経営の理解不足	知識を学習
経営	世界のメガトレンドを無視	世界動向の理解不足	世界を自分の目で見よ
経営	国頼みの無責任体制	護送船団方式	米国の回復を学べ
経営	メディアもミスリード	米国がリードという誤解	海外取材増強
経営＋半導体	システムLSIへの戦略ミス	システムの理解不足	システムを勉強せよ
経営＋半導体	低コスト技術を開発しなかった	国プロは先端技術のみ	設計から低コスト化へ
経営＋半導体	DRAMの敗因を正確に分析しなかった	ダウンサイジングを無視	勝てるDRAMを学習
経営＋半導体	顧客の声を聞かずに開発	代理店任せの弊害	マーケティング重視へ
半導体	上から目線のエンジニア	ICの価値を伝えなかった	多様化を認識せよ
半導体	マスク数を分析しても対応しなかった	あきらめの精神はびこる	挑戦する気持ちを持て
半導体	安易にシステムLSIへ走ったが、理解不足	システムの理解不足	システムを勉強せよ
半導体	半導体はITがけん引することの理解不足	応用製品に期待するだけ	ITのトレンドを把握
半導体	40nm以下は開発するな、というマネジャー	技術者のやる気を削いだ	技術者を鼓舞する方法を習得すべし

機は悪くないのだろうか。筆者が10年以上かけて、日本が沈没してきた原因を探ってきた結果を、取材ベースで探った。10年もかかったのは、今だから話せる、という業界人がいたからである。日米の政治問題はさておき、民間企業側の問題をまとめて分析したのが前ページの図2－1である。

最大の問題は総合電機の経営トップの無理解にある

この図では総合電機の経営者の問題と半導体部門の問題を分けている。**最大の要因は、総合電機が半導体部門を自分たちよりも下に見て支配し続けてきたためだろう。**現実に半導体大手といわれた企業は、NEC、東芝、日立製作所、三菱電機、富士通、沖電気、ソニー、パナソニック、シャープ、三洋電機などだった。

しかし、これらの総合電機を見て気づくことは、半導体やITの出身者は誰も経営トップになっていないことだ。さらによく見ると、社長になった人間は、NECと富士通、沖電気は旧電電公社への通信機器を納めていた部門の人、日立、東芝、三菱は電力会社に電力機器を納めていた部門の人、さらにソニー、シャープ、パナソニック、三洋電機などは家電部門の出身者などであった。**彼らにとって、半導体やITなど後から生**

まれた部門の人間は「外様(とざま)」のような存在であり、社内派閥上の敵であった。

一般に日本の会社は、テレビドラマ『半沢直樹』で見られるように社内派閥争いに明け暮れているところが多い。ドラマに登場する「倍返し」という挙動に拍手喝采するサラリーマンが実に多かった。最終回の視聴率が42・2%と極めて大きい数字を取ったことは、この物語に共感する人たちが多かったことを示している。このことは、日本の会社では派閥争いに業務の力を注ぐという無駄が極めて多く、業務効率が悪いことを示している。これと真逆な成長する企業の多くは、社員みんながトップと同じ方向に向いて業務を推進している。

ちなみに時価総額3兆ドル超えを一時的でも実現したファブレス半導体のエヌビディアでは、トップのジェンスン・フアンCEOが**みんなの合意(Agreement)は求めていないが、同じ方向を向くこと(Alignment)を求めている**と語っている。合意だと一人一人意見が違うために揃えることはできないが、大きな方向を合わせることはできるはずだ。そしてその方向を合わせることができれば、それに向けて必要な裁量が与えられる。それぞれが自分の果たすべき役割を認識し、自分で考えながら同じ方向を向きながら独自の技術やサービスを開発している。「やらされ仕事」ではなく、自分で「やる仕事」であるため、社員の生産性は極めて高い。

この図2－1を見て感じるのは、**半導体事業部を支配していた総合電機の経営トップが半導体やITのようなスピードを競う分野を理解できなかった**ことだ。かつての電電公社や電力会社のように社会インフラは10年単位の仕事をしているため、2〜3年で新製品が続出するITや半導体の世界は理解できなかった。このため、必要な時期に必要な投資をせず、また他社が投資するなら自社も投資するといった横並びの発想しか持っていなかったために経営判断していなかったといえそうだ。

IT化もGDPも日本だけが止まっている

図2－2は、IT投資額が世界では増えてきているものの、日本では全く増えていないことを示している。同時にGDP（国内総生産）も全く同じ傾向を示している。これが日本の姿であることがわかれば、何をどうすれば経済が豊かになるかは一目瞭然だろう。**IT投資を増やし半導体産業を活発にすることだ。**

最近になって初めて半導体企業の投資を政府が援助するようになったものの、IT投資に対して投資額はまだずっと少ない。半導体を活発にするためにはIT投資額を増やすことが最も早道なのである。ちなみに半導体企業のシェアが10％を切るようになった

図2-2　IT投資額は世界では伸びているが日本はフラットのまま

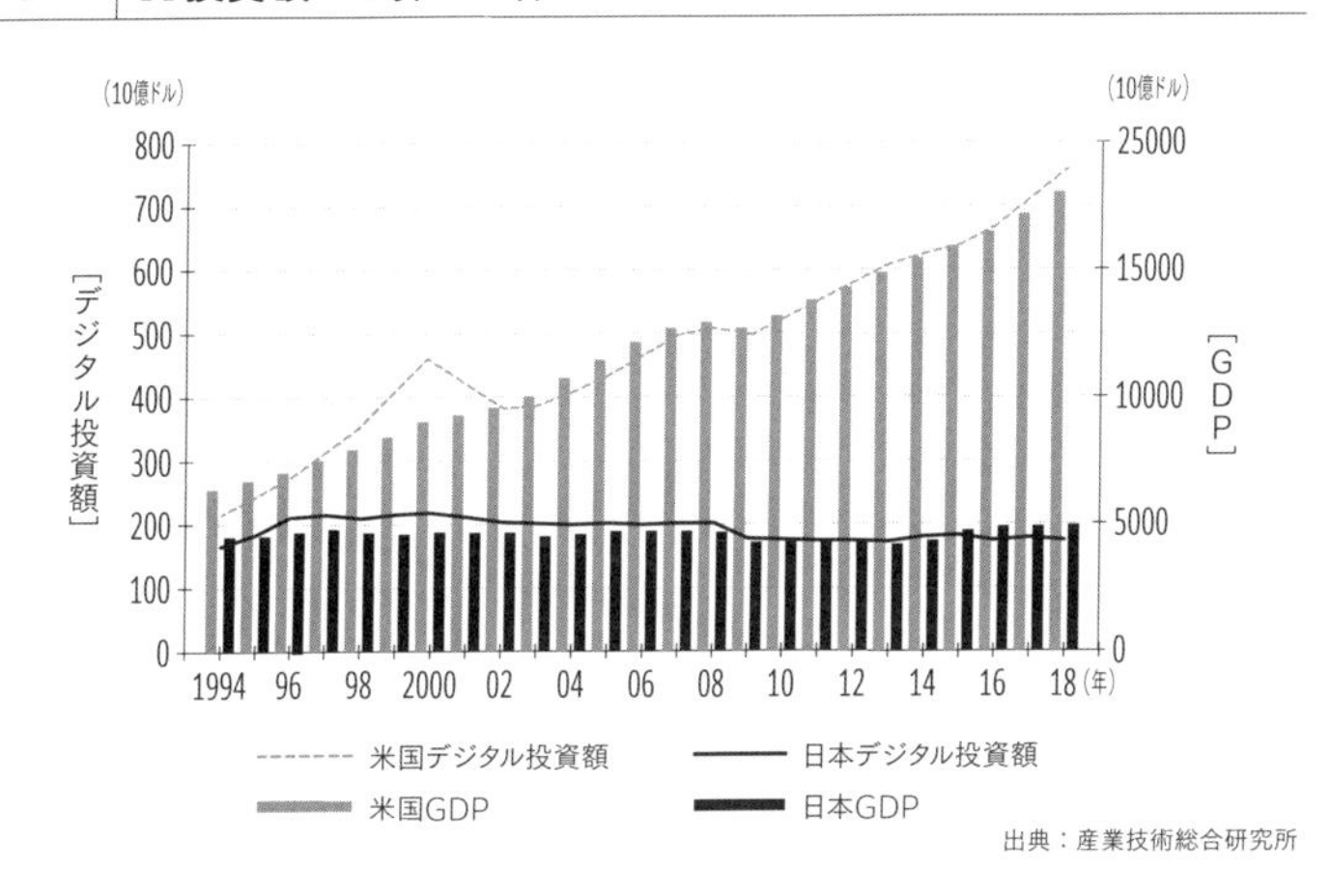

出典：産業技術総合研究所

が、ＩＴ機器のハードウェアのシェアは世界の２・５％しかないのである。半導体援助だけでなく、ＩＴ投資への援助をもっと増やすことが国の経済にとってもっと重要なのだ。

半導体経営トップの理解も不足

前章の図１－２（↓028ページ）で見るように半導体は過去からずっと成長してきた。にもかかわらず、総合電機の経営者たちは自らデジタル化に出遅れ、過去にしがみついていた。まるで泥船のように少しずつ沈んできたことがはっきりわかるまで泥船にしがみつき、そのときになって初めて総合企業そのものが業績の悪いことを悟った。

半導体やＩＴは、市場にいかに早く投入するかという開発期間の短縮（TIME to market）が最優先する分野であることを知らなかったのである。

そして**半導体の市場が電機からＩＴにシフトしていったことにも気が付かなかった。**だから日本の総合電機は世界との競争で負けたのである。その中で膨らんだ有利子負債に対応した日立製作所は黒字化に成功したが、出遅れた東芝は倒産寸前までいった。他の企業も似たような状況だった。ただ、現在はリストラなどによって黒字化できたものの、売り上げが毎年増加するといった成長には至っていない。

皮肉なことに、さまざまな総合電機を退職したさまざまなエンジニアが集まっているアイリスオーヤマは、総合電機と同じ家電製品を扱う企業でも、エンジニアのアイデアを引き出したことで成長している。「人を生かす経営」をしている証拠であろう。

また、半導体側にも問題がある。安易にメモリを捨て、世界が垂直統合から水平分業に移ろうとしていても従来のやり方を変えなかった。メモリを捨てた理由は、サムスンやマイクロンが10年かけてやってきた低コスト技術（製造上ではマスク枚数を減らすこと）に全く対応できず、トップのプロセスエンジニアでさえ、そんなことをすれば品質が悪くなってしまうと拒絶したからだ。

マイクロンはサムスンにＤＲＡＭ技術をライセンス供与し、パソコン向けの安価な製造方法を教えた。半導体製造プロセスでは人件費の比率は7～8％しかないため、どの国で作ろうがコストはさほど違わない。マスク枚数を数枚減らし、工数を短縮できれば大きくコストダウンできる。

この違いを日本の大手ＤＲＡＭメーカーのトップは理解できなかった。さらに、世界がメインフレームという大型コンピュータからパソコンへとダウンサイジングの流れが進んでいたことにも気が付かなかった。日本のＤＲＡＭメーカーが出荷していたメインフレーム市場は縮小するばかりだったが、このトレンドを理解していなかった。

半導体経営者はシステムＬＳＩ（プリント基板上に搭載していた複数のＩＣを一つのチップにまとめたもの）とは何かを理解せずにメモリからシステムＬＳＩに主要製品をシフトした。システムＬＳＩではソフトウェアをチップに埋め込むため、ソフトウェアと人材に力を注ぐべきところ、相変わらず製造の設備投資にお金をつぎ込んだ。

製造側も、システムＬＳＩでは少量多品種になるにもかかわらず、それに応じた生産体制を全く取らず、**少量多品種ではなく多量多品種と勝手に都合の良い解釈をしていた。**メモリ時代の大量生産体制から全く変えなかったために工場は大赤字になり続けた。

半導体エンジニアやメディアにも責任

もちろん、日本の没落の原因を彼らだけに押し付ける気は毛頭ない。半導体のエンジニア側や、半導体を斜陽産業と喧伝してきたメディア側にも責任はある。

日本の半導体エンジニアは、製造技術者が設計技術者よりも強く、製造の設備投資を推進してきたが、やはりシステムLSIを理解せず、ソフトウェアを強化しなかった。また、自分たちの製造プロセスが最も良いという考えを変えることはなかった。このため、**設計・開発に特化したファブレスと受託製造を行うファウンドリの分業という世界の潮流に関しても無視し続けた。**また、半導体が売れないのは営業が悪いからだ、という責任転嫁する話も聞いた。

筆者の関係してきたメディアも悪いと言われた。新聞や一般雑誌は、総合電機の社長が「半導体が悪いから当社業績が悪い」という言葉を真に受けてそのまま書いた。技術雑誌でも「『メモリからASICへ』というような特集を組むからそれを信じた社長がメモリを止めるように言っていた」とあるメモリ設計者から言われた。

当時の筆者は、まさか立派な経営者が雑誌の記事を丸のみして社内のエンジニアの言葉を信じようとしなかったとは思わなかった。経営者のような「エライ」人はさまざまな原因・理由・対策などから経営判断して決めたのだと思っていた。ところが経営者は、日立や東芝、NECがこれだけ投資するなら（あるいはしないなら）うちも同様に投資する（しない）という横並びの意識しかなかった。つまり、理路整然とした経営をしてこなかったといえる。

問題の原因がわかれば解決案も出る

問題の原因が明らかになれば、解決すべき対応策も明確になる。筆者のようなメディア側の人間に関していえば、世界の半導体学会しか見てこなかったために先端技術の状況しか見えなかった。このことを反省して、先端エンジニアではなく経営陣の取材に切り替えた。海外の経営者が何を考え、どうしようとしているのか、そのために必要なものは何か、などについて取材しているうちに徐々に日本の問題と解決案が見えてきた。

その一つが日米の差である。

日本は政府頼みでさまざまなコンソーシアムを組んできたが、米国の半導体企業は、日本に負けた自分の企業をどう立て直すかを真剣に考えていた。政府に頼るという姿勢は全くなかった。ただ1社だけ、日米半導体戦争のきっかけとなったモトローラの経営トップは、米国政府を動かし日本政府を揺さぶっていた。政府頼みにしていたモトローラは、日本企業のようにその後落ちぶれていった。

結局のところ、**米国の反省は、自社をどうやって成長させるかを社員と一緒に考えつくしてきたことだ。**社員も大事にした。優秀な社員は一度切ってしまうと二度と戻ってこない。ライバル企業に行ってしまうからだ。むしろ優秀な社員の力を発揮させるように会社の方向を定めたところもあった。この結果、米国の半導体企業の売り上げは世界シェアのほぼ5割まで回復した。

例えば、TI（テキサス・インスツルメンツ）は、DRAMや宇宙航空向けのIC、アナログICなどを設計・製造していたが、アナログICに的を絞ることを決定した。1995年のことだ。年始めから企業を再建するため、エンジニアたちを集めブレーンストーミングを行い、半年間続けた。そのテーマは「ポストPC時代にどう成長するか」だった。その結果、「産業用や携帯電話、衛星など広い市場にはアナログICが欠かせない。TIには1万5000社のアナログICの顧客がいる」という結論を導き、アナログICとそのなじみのあるDSP（デジタル信号処理プロセッサ）に集中することを決めた。事業を閉じることに決めたDRAMと防衛エレクトロニクスは、ともに競合相手であったマイクロンとレイセオンに売却を決めた。「それぞれのエンジニアが自分たちの得意な分野の仕事を続けられるようにさせたかったから」とＴＩトップのトム・エンジボス氏は語っている。

半導体を子会社扱いにした日本の失策

以上のように米国では、自社をどうやって強くするか、みんなで知恵を絞ったことで復活に結びついた。日本の半導体はどうか。２０００年までは総合電機の笠の下にあったため自由な経営はできなかった。社長が口では自由にやっていいといっても実際に自由にやらせた結果、業績を伸ばし半導体の力を向上させると、総合電機のトップは逆にそれを恐怖に感じ、半導体のトップを解任したところもあった。

日本の半導体産業の悲劇は、総合電機の下にあったということに尽きる。

サムスンを除くほとんどすべての海外の半導体企業は専業であった。自分で自由に会社の方向をみんなで議論しながら決めるという作業は実は楽しい。

筆者は、ヒューレット・パッカードから独立したアジレントテクノロジーから、さらに独立した直後のアバゴを訪れた時、彼らの「これからは自分たちで会社の方針を決められる」と出席者みんなが喜んでいた姿が忘れられない。「自分たちで資金調達から何から何まで手配しなければならないが、自由にできることが最もうれしい」と述べていた。そのアバゴは、データセンターに強いブロードコムを買収し、社名をブロードコムに変え、時価総額7579億ドル（約100兆円）と全世界企業で11位に位置する企業に成長した。ちなみにトヨタは41位にすぎない。

日本では半導体部門が赤字を垂れ流しにしている状況に耐え切れず、2000年前後に総合電機が半導体を切り離した。

しかし、その未来の方向を、自分たちは決められなかった。切り離したとはいえ、総合電機が過半数あるいはそれに近い株式を持っており、事実上の子会社にすぎなかったからだ。

例えば、NECはDRAM事業を日立製作所のDRAM部門と合体させ**エルピーダメモリ**を設立したが、一切投資せず、過剰な人員をそのままに合併させたため、赤字は避けられず、200億円もの赤字を垂れ流し続け、もはやこれまでといった3年後の2002年に、経営トップを元日本TIにいた故・坂本幸雄氏に依頼した。

坂本氏は、働かずゴルフ話に明け暮れる役員を親会社に帰ってもらい、親会社が投資してくれないことがわかるとさっさと独立し、出資者を募りインテルキャピタルなどか

エルピーダメモリを10年続けさせた、在りし日の故・坂本幸雄氏

ら1800億円を集め、最新のＤＲＡＭ設備に投資し、翌年黒字転換を実現した。エルピーダはその後、順調に黒字経営を続けた。しかしリーマン・ショックに遭遇、銀行が1円も貸さない状況になったため、10年間継続したエルピーダに2012年会社更生法を適用し事実上倒産した。

坂本氏は2024年2月に逝去されたが、エルピーダを再建し10年間続けた功績は大きい。坂本氏はかつてＴＩという外資系にいた関係でストックオプション制度を社員に適用した。外資系企業のストックオプションは役員以上や一部の上層部にしか提供されなかったが、坂本氏はそれを社員全員にまで広げ自社株購入の優遇権利を与えた。

また、四半期ごとの決算開示を積極的に行い、四半期ごとに営業利益率が15％超えたら社員に臨時ボーナスを与えるなど、役員よりも社員を優遇した。社員は20％を目指して歩留まり向上などの努力を続けた。経営者として総合電機にはなかった異色の経営者で、中にはメディアから社員になったものもいた。今後は、第二の坂本氏のような、社員を鼓舞し、社員を大事にする経営者の出現を望む。

2-2 再び半導体の気運が高まる

1990年代中ごろから2010年ごろまでは経済産業省主導でSTARC（半導体理工学研究センター）や、Selete（半導体先端テクノロジーズ）やASET（超先端電子技術開発機構）やAsplaプロジェクト、MIRAIプロジェクトやHALCAプロジェクトなど、さまざまなコンソーシアムやプロジェクト、半導体産業の調査会社（シンクタンク）などが組織化されたが、残念ながら日本の半導体再興には結びつかなかった。

最大の原因は、前節で述べたように総合電機の下に半導体部門があり、自由に動けなかったことにある。世界の潮流と同じ方向、すなわち成長する方向に歩むことができなかったのである。

最近になって、**ルネサスエレクトロニクス**のように総合電機とは完全に独立して動けるようになった企業から、少しずつ成長していけるようになりつつある。創業の母体であった日立や三菱電機、NECなどの株式を処分し、自由に動けるように組織を活性化したためだ。経産省もTSMCの国内誘致やラピダスの設立支援などにより、日本国内で半導体産業への理解が少しずつ深まりつつある。

TSMC誘致は何をもたらすか?

経産省がTSMCを誘致した時、これで日本の半導体産業が活性化するとは到底思えなかった。すでに先端プロセスではNANDフラッシュのキオクシアがあり、AIチップやシステムLSIではルネサス、iPhoneカメラに採用されているソニーセミコンダクタソリューションズのイメージセンサ、さらに外資系の工場ではTIの会津工場、美浦工場、日出工場があり、オンセミの会津工場、UMCの三重工場などがある。この上にTSMCが来たところで、日本の半導体は盛り上がるだろうかと疑念を抱いた。

しかし、現時点で世界一の製造専門のファウンドリ企業であるTSMCは、提示する給料から違う。**TSMCの熊本工場における日本法人JASM**(Japan Advanced Semiconductor Manufacturing)**が示した初任給では、大学卒が28万円、修士卒が32万円、博士卒は36万円**だったが、熊本県が調べた地元企業の大卒エンジニアはわずか19万円だったという。最近の円安による影響もあるが、TSMCは日本国内の地元の給料よりもあまり大きくしないことを考慮して初任給を決めたという。これでも、この給与レベルは台湾の従業員の7割しかない。

ＴＳＭＣの誘致効果は、日本の学生にとっても良い影響を与えた。学部4年生と大学院で半導体を学んでいた院生の就職先は、５～6年前はコンサルティング企業や金融関係などが多く、半導体のスキルを生かせる企業の選択肢はあまりなかった。しかし、**最近はＴＳＭＣに就職する学生・院生が増えつつあり、大学で学んだ知識を生かせる仕事に就けることは長い目で見ると日本にとって好ましい。**

これまでのところ、ＴＳＭＣは日本人エンジニアとの共同作業を通じて、第２工場を熊本に建てることを決めている。ＴＳＭＣは、熊本よりも前に米国アリゾナ州に先端工場を立てることを決めていた。しかし、いまだに工場は完成していないようで、半導体人材の不足が取りざたされている。２０２8年末までには稼働させたいと期待されている。政府の補助金も24年5月に出たばかりだ。またドイツのドレスデンにも工場を建設することを決めているが、24年の第４四半期に建設を開始すると5月に発表した。

補助金700億円を得たラピダスの誕生

経産省は、外国企業の誘致だけではなく、国内にも製造会社を設立させるため、民間企業7社（トヨタ自動車、デンソー、ソニーグループ、キオクシア、NEC、NTT、ソフトバンク）から10億円ずつと、三菱UFJ銀行から3億円を出資させた**ラピダス株式会社**を2022年8月に資本金73億円で設立させた。

半導体工場を設立するには、従来プロセスでさえ5000億円程度はかかる。わずか73億円の資本金ではとても賄いきれない。そのためにNEDOのプロジェクトとして「ポスト5G情報通信システム基盤強化研究開発事業」を成立させ、このうちの「研究開発項目②先端半導体製造技術の開発」に関する実施者の公募を行い、採択審査委員会での審査を経て、ラピダスの採択を決定した、という形を採った。これにより初年度として700億円の補助金を得て、企業運営を始められるようになった。

もちろんこの程度では先端半導体工場はできない。当初2nmプロセスを使うラピダスの工場には2兆円が見込まれていた。2023年には補正予算によって3300億円、24年度には5900億円を支援する。合計9200億円を超えたが、最近になって5兆円かかると言い出している。

最近では、メディアが経産省にメールでの取材を申し込んでも答えないというケースが起きているが、国民の税金を使う以上、説明責任はあるはずだ。

世界の半導体工場を見ても100％政府の投入した補助金を当てにした半導体企業は一つもない。

共産主義の中国でさえも出資によって株券と交換するという形を採るが、ラピダスは国が出資はせず、返却不要の補助金であるからこそ、資金調達という点で甘やかした半導体企業といえる。本当に世界の半導体と戦えるのか、ここに疑問を持つ業界人は極めて多い。

ラピダスには確かに問題は多い。だからといってラピダスはダメだと決めつけるつもりはない。たくさんある問題をビジネス開始までに一つ一つつぶしていけばいいからだ。ただ、その覚悟があるのかが問われている。

ラピダスに続くファウンドリ企業の登場

ラピダスが国策会社でうまくいくはずがないという業界人の意見は耳にタコができる

ほど聞いた。**しかし、「ラピダス効果」はあった。第二のファウンドリを目指す本当の意味でのビジネスが二つ生まれてきたからだ。**

一つは２０２２年12月に生まれた**ＪＳファンダリ**だ。ここはアナログやパワーデバイスとして微細化しないデバイスの製造を引き受ける製造サービスを提供する。新潟県小千谷市にあるＪＳファンダリの工場はもともと米国のアナログとパワー半導体のオンセミから工場を買ったもの。オンセミは３００ｍｍ工場を欲しがったが、それは米国のグローバルファウンドリーズから購入できたため新潟工場を手放すことになり、買い手をずっと探していた。オンセミは、もともと三洋電機の半導体工場だった、この新潟工場を高く評価していた。

もう一つは、**台湾のＰＳＭＣ（パワーチップ半導体製造会社）と日本のＳＢＩホールディングスが共同でファウンドリ工場の設立**を発表したことだ。２０２３年に宮城県の大衡村にある第二仙台北部中核工業団地に設立することを決めた。一部は２０２７年稼働、残りは２０２９年稼働を予定しており、投資額は初期段階で４２００億円、最終的には８０００億円超を見込むとしている。24年7月に両社の合弁会社である**ＪＳＭＣホールディングス**のオフィスを仙台市青葉区に開設した。

しかし、「補助金申請する場合は10年間の量産継続を政府が要求」「ＳＢＩが具体的な

ルネサスエレクトロニクスCEOの柴田英利氏

財務計画を示さなかった」という2点の理由で共同事業は解消になった。

成長し始めた日本のルネサスとソシオネクスト

政府とは全く無関係に成長し続けている企業がある。**ルネサスエレクトロニクス**と**ソシオネクスト**だ。従来のルネサスが大変身しており、日本ではファブレス半導体の最大手になったソシオネクストも続く。

先ほどルネサスが自由に動けるようになったと述べたが、その戦略を実行できたのは日立、三菱、NECなどの旧勢力を排除し、新生ルネサスを船出させたCEOの柴田英利氏（写真）の力が大きい。買収した

IDT（旧 Integrated Device Technology）のマネージャーを経営陣に加え、彼らの力を十分発揮できるようにルネサスチームに加えたことだ。

一般に企業を買収すると買収される側のモチベーションが下がり、この先自分たちはどうなるのだろうか、と不安に駆られ心配する。しかし、買収される側のマネージャーが親会社の経営陣に加わり、自由に発言し、提案が採用されると、不安とは逆にモチベーションが高まる。

ルネサスは米国や欧州だけではなく、アジア、中国、インドなどからも受注を取るようになり、世界を相手にビジネスを展開している。海外売上比率は80％近い。その後、アップルの iPhone などのデバイスの電源アダプター向けの電源ＩＣを設計していた Dialog を買収し、Dialog の有能な女性をＨＲ（人事部門）のトップに据え経営陣に加えた。**ルネサスが成長し始めたのは、海外の人材を導入し日本人はむしろ過半数を割るくらいに減らし、文字通りグローバル企業となったからだ。**この結果、海外からの注文は続々増え、売上額の80％弱を海外で稼ぐように体質を大きく変えた。

ソシオネクストも海外からの受注を大きく増やした。２０２４年度第１四半期（4～6月期）の売り上げ全体に対する海外売上比率は56％とまだそれほど高くはないが、ＩＣの設計を担うＮＲＥ（設計や試作など1回限りの工程）売上額で見ると、76％が海外からの設計受注売上額となっている。海外の顧客は3～7nmといった先端製品に対する設計受注が多く、NRE売上額の85％にも上っている。

半導体では16nm以下、特に一桁nmプロセスでは前世代の設計をそのまま踏襲できず、設計し直す作業がある。

一桁nmプロセスノードといっても実際の最小寸法は12～13nmで止まっている。微細化よりもトランジスタや配線の3次元的な立体構造によって、単位面積当たりのトランジスタ数を増やし、あたかも一桁nmプロセスと同等なトランジスタ数、すなわち集積度を増やしているのである。

このため設計ルールが変わるごとに従来なら単純に比例縮小で済んだが、一桁nmプロセスノードでは、世代ごとに回路を作り直す必要がある。

このため設計作業がこれまで以上に複雑になり、**設計作業だけを請け負うデザインハウスの需要が高まっている。**ソシオネクストのNREとはデザインハウスそのものと考えてよいだろう。実際に設計し製品化までこぎつけると、ロイヤルティ料金として製品売上につながる。しかし、単なる実証実験や市場の変化によって製品化しない場合もあるため、NREが全て製品に結びつくとは限らない。

しかしソシオネクストの設計力が評判になれば、ソシオネクストへの売り上げは増えるだろう。もともとソシオネクストは、2015年に富士通とパナソニックのシステムLSI設計部門が合併した会社だった。このため、当初は両社の製品しか持たず、売り上げはほとんど増えなかった。2017年度の売上額は、国内市場、それも富士通とパナソニックの半導体の売り上げがほとんどで1000億円弱だった。

2018年度からソリューションSoc（Security Operation Center）を設計するという戦略に変え、海外顧客から設計を請け負うデザインハウス業務を加えることで売り上げを伸ばしてきた。2023年には2212億円の売り上げを達成したが、2024年度は半導体不況の影響を受け、24年度第1四半期は前年同期比マイナス14％の528億円に留まったが、対象とするユーザーが産業機器と自動車が多いため、在庫がまだ減らず、24年中は厳しいが、25年は再び成長する可能性が高い。

海外で稼ぎ成長する

日本の半導体企業に限らず、**もともと日本企業は原料を輸入して製品を輸出する加工貿易を強みとしていた。このため海外で稼ぐことで成長してきたはずだが、国内しか目を向けていない企業は成長が止まっている。**例えば日本の半導体産業でも世界に通用するところは、他にも**ソニーセミコンダクタソリューションズ**と**キオクシア**がある。両者に共通するのは、やはり海外で稼いでいる、という点だ。

ソニーはアップルのスマートフォンiPhoneのカメラの心臓部となるイメージセンサで大きく稼いでいる。アップルはiPhoneに使われている部品メーカーを公開していないが、スマホを分解する企業が多くあるため、ほぼ知られている。また、キオクシアの大口ユーザーはアップルだ。

こういった海外で稼ぐ企業が成長することはごく当たり前であり、世界各国のＧＤＰが成長しているのにもかかわらず日本のＧＤＰだけが成長していないのはこのためだ。

日本の半導体がかつてほどの勢いがないのにもかかわらず、半導体の製造装置や材料の産業が好調であることが知られているが、彼らの稼ぎはやはり海外が圧倒的に多い。それは、日本の半導体産業が自滅したため、すぐに見切りをつけて海外のＴＳＭＣやサムスン、インテルなど海外企業向けに開発、生産してきたからだ。

半導体製造装置で日本最大手の**東京エレクトロン**の海外売上比率は90％前後に及び、半導体テスターのアドバンテストとなると92～95％と極めて高くなっている。彼らは、総合電機とは縁が薄いため、日本の顧客であった半導体メーカーにさっさと見切りをつけることができた。

日本の半導体メーカーは当時、総合電機の一部門や子会社であったため、親会社の意向に逆らえず、簡単に海外にシフトできなかった。まず親会社に製品を納めなければならなかったからだ。当時は外販すら認めてもらえなかった半導体部門もあった。

最近こそ、半導体産業に光が当たるようになってきたことは日本経済にとっても喜ばしい方向だ。経済産業省が主導しながらＴＳＭＣの誘致、ラピダスの誕生へと貢献してきた。半導体産業はもともと成長産業である。日本だけが止まっているが、世界の半導体産業が成長し続けていることは何よりもその証拠である。

現実的には米中による世界の分断などが絡み、米国や欧州など西側諸国の日本に対する期待が大きい。例えばＴＳＭＣの日本進出で最も喜んだのは米国ではないだろうか。ＴＳＭＣのアリゾナ工場誘致と同様、台湾有事に備えた一環とも捉えることができる。かつて世界のトップになったこともある日本半導体産業の再興は、米国にとっても頼りになる。

しかも、かつては日本の半導体エンジニアが優秀であったことを米国や台湾、韓国はよく知っており、再び半導体産業を盛り上げるという気運があることに対する期待は大きい。現在は日本の半導体製造装置や材料の分野のエンジニアが優秀であることは世界でも評価は高い。

2-3 これからの半導体業界のあるべき姿

2022年8月にラピダスが誕生してから2年以上経った。資本金がわずか73億円で、半導体工場の運営に1～2兆円かかるといわれてきた。1％にも満たない資本金で企業は運営できないことが常識だが、ラピダスは政府の出資ではなく補助金支援という形で2年間やってきた。人件費をはじめ工場建設、製造装置の購入、研修費用などのコストがかかるが、ほぼ政府からの援助、すなわち国民の税金で賄ってきた。

国家が全面資金を提供する半導体企業などは実は世界では存在しない。ラピダスは実質的には国営企業だが、形だけの民間企業にしている。国からの干渉を避けることを国が容認しているようなものだ。つまり金だけ出して口は出さない。

筆者はこれまで世界中のさまざまな半導体企業を見てきたが、ここまで国家に依存した企業は見たことがない。

台湾のTSMCは政府機関の工業技術院（ITRI）のスピンオフでできた企業だが、

その時でさえ、政府の出資は25％程度しかなく、創業者のモリス・チャン氏は世界中の半導体企業や金融機関を駆け回って、残りの75％の資本金を調達した。半導体メーカーの一つ、オランダのフィリップスだけが半導体企業としてTSMCに27％分を出資した。TSMCは今でもフィリップスに感謝を示しており、フィリップスからスピンオフして生まれたASMLへの思いには特別なものがある。

スタートアップへ支援するフェーズへ

経済産業省はラピダスへの支援金をほどほどにして、むしろラピダスの顧客となりうるようなファブレス半導体や半導体ソフトウェア企業などのスタートアップへの支援をすべきであろう。**ラピダスは自分で稼ぐ方法を見つけ、顧客獲得やTSMC、サムスンなどとの優位性を確立し独自の地位を築くことに注力すべきではないだろうか。**

国内外の半導体スタートアップは、資金の獲得に国だけではなく、潜在顧客となりうる企業や、出資することに慣れているファンドなどからも調達している。

ラピダスの工場が完成し稼働できる状況になっても、今のままでは顧客は国内にいない。半導体を使うユーザーが電機からITへとシフトしてしまったからだ。電機メーカーは世界と全く勝てないようなデジタル時代に入り、ＩＴを使うサービス業界に入っていかない状況だ。ソフトウェアはおろか、ハードウェアのパソコンやスマホで世界い勝てる商品を持ったところはない。ＩＴサービスでも日本独自のサービスを提供できていない。

しかし、**独自のAIサービスや、AI技術を持つようなスタートアップなどから続々生まれている。こういったスタートアップへの支援とICユーザーとの出会いの場の提供などを国が行うことや資金を提供するような仕組みが必要だろう。**

「社長室」のない社長像

世界の半導体企業の経営者を取材していると、日本のこれまでの経営者とは全く違うことがわかる。日本では社長やＣＥＯが社員を鼓舞して社員自ら仕事に向かっていくという姿勢に導くことが少ない。米国のトップを取材すると、**自分の会社をいかにして成長させるか、そのための社員のモチベーションをいかにして高めるか、会社の価値は何か、いかにしてみんなの思いを一つの方向に向かわせるか、**という経営課題に腐心している。

エヌビディアのCEOジェンスン・フアン氏
提供：Shutterstock

例えば世界の全ての企業の時価総額で常にトップクラスに位置するようになった**エヌビディア**のＣＥＯ（写真）には社長室がない。社長室に閉じこもるよりも、社員や外部の人たちの考えや意見を聴き、会社が進むべき方向を常に見直し軌道修正できるようにしているという。社員に対しても、たとえ結果が悪くても叱責するのではなく、そこから何を学んだかをレポートさせるという。

残念ながら日本の大企業で社長室のないトップは聞いたことがない。

社長室を欲しがらない社長は実はほかにもいる。ソフトウェアベースの測定器メーカーのＮＩ（ナショナルインスツルメンツ）社は７０００人規模の会社であるが、数年前まで創業者兼ＣＥＯを務めていたＤｒ．Ｔ（ドクターティー）こと、ジェイムズ・トゥルッチャード氏には社長室がなかったが、なぜ持たないのかを質問したことがある。

彼は、「会社が研究開発向けの測定器メーカーであるため、常に新しい動向、トレンドをウォッチする必要がある。社長室という壁を作っていると、社員はノックという行為をしなければ会えなくなる。自分は社員とも社外のエンジニアとも常にディスカッションしたいから壁を作りたくない」と語った。日本のように秘書室で社長にアポを予約するとなるともう一段階の壁を作ることになり、社員からますます遠ざかってしまう。

大手との出会いの場を提供する

政府・経済産業省は企業への資金提供よりも、メーカーとユーザーとの出会いの場を作ることにもっと積極的になるべきではないだろうか。例えば、日本には東京の大田区や大阪の東大阪のように機械加工のモノづくりに必要なツールや部品を制作する中小企業がある。実は海外には、そのような支援産業はほとんどない。

しかし、一方で日本の中小企業には海外大手との出会いの場がない。

10年以上前に英国に取材した際、英国の経産省に相当する組織の下部団体が、大手との出会いの場を作るため、ＩＴ系中小企業やスタートアップのセミナーを開催した会場に行ったことがある。そこで筆者のようなメディア関係者も現地のＰＲ会社と知り合いになった。その会社の人が来日するときにはこちらで懇談の場を作り、現地の様子をうかがった。地方自治体とも協力し、地方都市を回るロードショーを展開し、企業の知名度を上げていく、その手伝いや支援金を国や自治体が提供するのだ。

英国や欧州を取材して、彼らがモデルとする技術開発の場所はやはりシリコンバレーである。つまりシリコンバレーは世界中が注目するイノベーションを生み出す地域なのだ。シリコンバレーでは、実に活発にエンジニアたちが議論をする場所がある。普通のコーヒーショップやファミレスで議論するのだ。**企業のエンジニア同士が知り合いになり、新しいアイディアを考え付き、起業する。こういった場こそ、イノベーションの源泉となる。**

エヌビディアのファンＣＥＯは、シリコンバレーのファミレス「デニーズ」で仲間二人とコンピュータで写実的なきれいな絵を描くためのグラフィックスチップをどうやって実現するかに関して議論を繰り返し、エヌビディアの起業にたどり着いたという。

3人寄れば文殊の知恵となる

「イノベーションは多数の凡人ではなく一人の天才が生み出すもの」と長い間いわれてきたが、多数の凡人でも天才並みの力を発揮することをIBMがかつて行った実験で分かった。

この実験では、一人の優れたプロの棋士が、街の自称名人レベルの将棋好き数人と対戦した。プロの棋士と将棋好きと個人で争うなら、勝負にならないが、自称名人たちが互いに意見を出し合いながら次の手を相談して決めた。すると、互角の勝負を繰り広げたという。

一人の天才の出現を待つのではなく、たとえ凡人でもチームとなって難題に立ち向かえば克服できることを上の実験は示している。よく、日本には天才が現れにくいが、平均値では世界的に上のレベルにいる、といわれている。このことは、**天才的な技術者がいなくても比較的優秀な技術者が集まってみんなが力を発揮すれば、日本からもイノベーションを生み出せることを示唆している。**

このことは企業のトップが、社員を鼓舞し、みんなが力を合わせて仕事するように向かわせれば日本企業はまだまだ成長できるといえる。本章冒頭でも述べたがエヌビディアでは、ＣＥＯが社員みんなと同じように**合意**（agreement）することはできないが、**会社と同じ方向に揃えること**（Alignment）はできるはずだと呼びかけ、Alignment する方向を模索してきたという。ＡＩに注力するという方向はまさに Alignment であり、ＡＩに注力する技術やサービスは世界各地で異なるかもしれないが、それぞれの社員がそれぞれの地域でＡＩ技術を進化させることで、エヌビディアはとてつもない力を備えるようになった。

第3章

半導体産業の全貌を眺める

3-1

半導体産業を担うプレイヤー

そもそも半導体産業とは何か?

半導体産業を一口でいえば、**半導体製品を提供する企業たちが集まる産業**で、現在ではインテルやエヌビディア、TSMCなどが代表的な半導体メーカーである。ただし、これらの半導体企業がすべて1社で半導体製品(写真)を作っているわけではない。

半導体のユーザーから設計、設計ツール会社、製造、製造装置会社、製造に使う化学薬品会社、実装、実装に使う製造装置や化学会社、出荷、性能を測定するテスター会社、半導体製品をユーザーの手元に届ける代理店などさまざまな企業が業界に参加している。半導体ICの集積度が上がり、複雑になればなるほど1社では賄いきれないからだ。

実にさまざまな企業が入り込み、中には「あんな企業も?」と驚くようなところもある。好例として、先端パッケージ基板の最大手は、食品産業の味の素である。

半導体を作るのにどのような設計ツールや材料、製造装置があり、それらを供給して

代表的な半導体製品。左上はRFIDと呼ばれる無線タグに使われるチップで、大きさは右上から左下までさまざまなものがある
撮影筆者

いて、どのような産業が関わってくるのかを紹介しよう。

ただし、あまりに複雑すぎて、半導体の設計や製造工程から解説するとなると、焦点がずれてくるので、半導体の工程に関しては次章で紹介するとして、ここでは大きな分野としてまとめたサプライチェーン（図3－1↓078ページ）を紹介する。

設計からプロセス、アセンブリなどだけではなく、それらを支える数々のサプライヤーのうち、強い企業のある国も示した。

半導体に関わるさまざまなサプライヤー

半導体産業に関わるサプライチェーンは、

図3-1 大きな流れのサプライチェーンと得意な国々

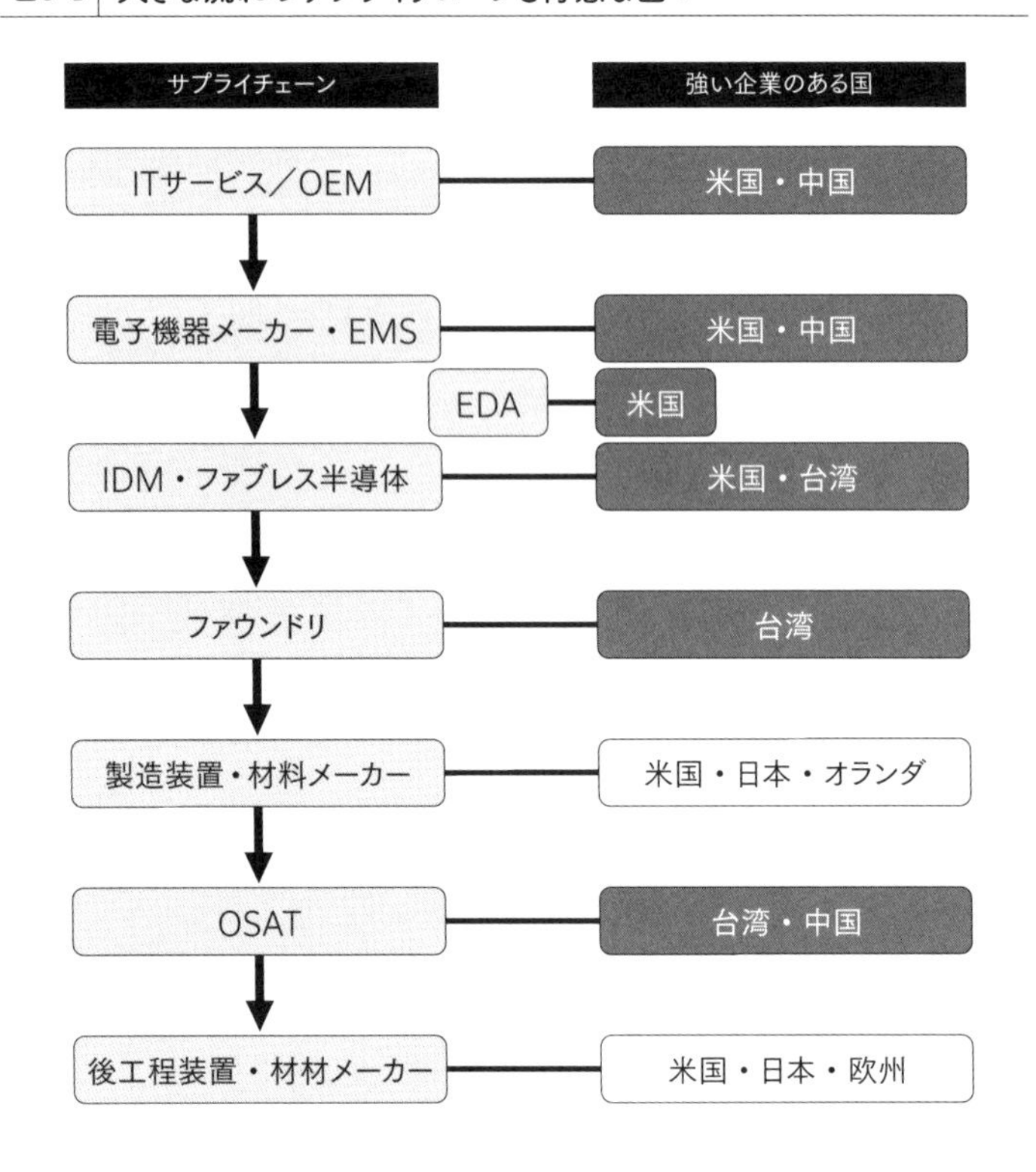

まず半導体を利用するグーグルやアマゾン、フェイスブック（メタ）などの**ＩＴサービス産業**がある。

ＩＴサービス業者はデルやＨＰなどのサーバーを設計製造する**電子機器メーカー**からコンピュータを購入、設置。その電子機器メーカーの製品の品質を決める重要なテクノロジーは半導体製品であり、それらを半導体メーカーから購入する。

半導体メーカーには設計から製造まで全てを手掛ける**ＩＤＭ（設計も製造も手掛ける垂直統合型の半導体メーカー）**と**ファブレス半導体企業**がある。設計が比較的簡単なメモリ製品は、大量生産製品であるため、自社で設計から製造まで手掛けるＩＤＭが多く、サムスンやＳＫハイニクス、マイクロン、日本のキオクシアなどがある。

しかし設計が複雑な高集積ロジックやプロセッサは設計に2～3年かかるため、設計だけで勝負するファブレス半導体メーカーが活躍する。エヌビディアやクアルコム、ＡＭＤ、ブロードコム、メディアテックなどが大手だ。ＩＣ設計では最終的に設計図に落とすわけだが、半導体産業では設計図となるものが**フォトマスク（半導体ウェハーに回路を転写するための原版）**である。

フォトマスクを作製して、製造を請け負うサービス企業の**ファウンドリ**にフォトマスクを渡すことで、ファウンドリは設計図通りに製造していく。両者の関係は、ファウンドリがサプライヤーとなりファブレスはその顧客になる。

ファウンドリは依頼されたフォトマスク通りにシリコンに回路を刻んでいく。台湾のTSMCやUMC、韓国のサムスン、米国のグローバルファウンドリーズ、中国のSMICなどがファウンドリの大手である。顧客とサプライヤーとの関係は全く対等な関係であり、客だからと威張っていると製造してもらえない。

これらのIDMやファブレス半導体、ファウンドリなどには、それぞれ、**設計ツールや製造装置、材料などを供給するメーカー**がいる。ファブレス半導体企業に設計図を描くためのソフトウェアツールを供給するのがEDA（電子設計の自動化）ベンダーであり、設計、検証、シミュレーションなどのツールを提供する。設計図は完全にコンピュータ化された環境で作製する。

またファウンドリやIDMなどの半導体工場では、製造装置がずらりと並んでいるが、それらを提供するのが製造装置メーカーである。しかも半導体製造ではさまざまな化学薬品を使うため**材料メーカー**もサプライヤーとなる。

国によって強みはさまざま

こういった流れに関係する企業たちは一つの国に留まっていない。例えば米国は、ＩＣを使うＩＴ機器企業やＩＴサービス企業が強く、ＧＡＦＡと呼ばれてきた。米国を模倣して自国向けのＩＴサービスを展開している中国も強い。さらに半導体ＩＤＭやファブレス半導体メーカーも米国は圧倒的に強い。さらに製造装置メーカーも日本以上に強い。弱いのは製造プロセスと材料、後工程だけであり、設計ツールはほぼトップ3社が寡占化している。

台湾はファウンドリだけではなく、ファブレス半導体も強く、ファブレスのトップテンには米国と混じって台湾勢も3社が食い込んでいる。中国が強いのはＩＴサービスとレノボなどの電子機器メーカーで、半導体産業ではアセンブリのＯＳＡＴ（Outsourced Semiconductor Assembly and Test）だけだ。また、ファウンドリも少しずつ強化している。

半導体ＩＣ（集積回路）を作る工程は、設計から始まり、製造を経て、ＩＣチップが完成したら、外部端子と内部のＩＣとの端子を接続し、プラスチックで封止・保護し製品のＩＣとなる。これらの工程の流れを図３－２に示す。

図3-2 半導体製造工程の流れ

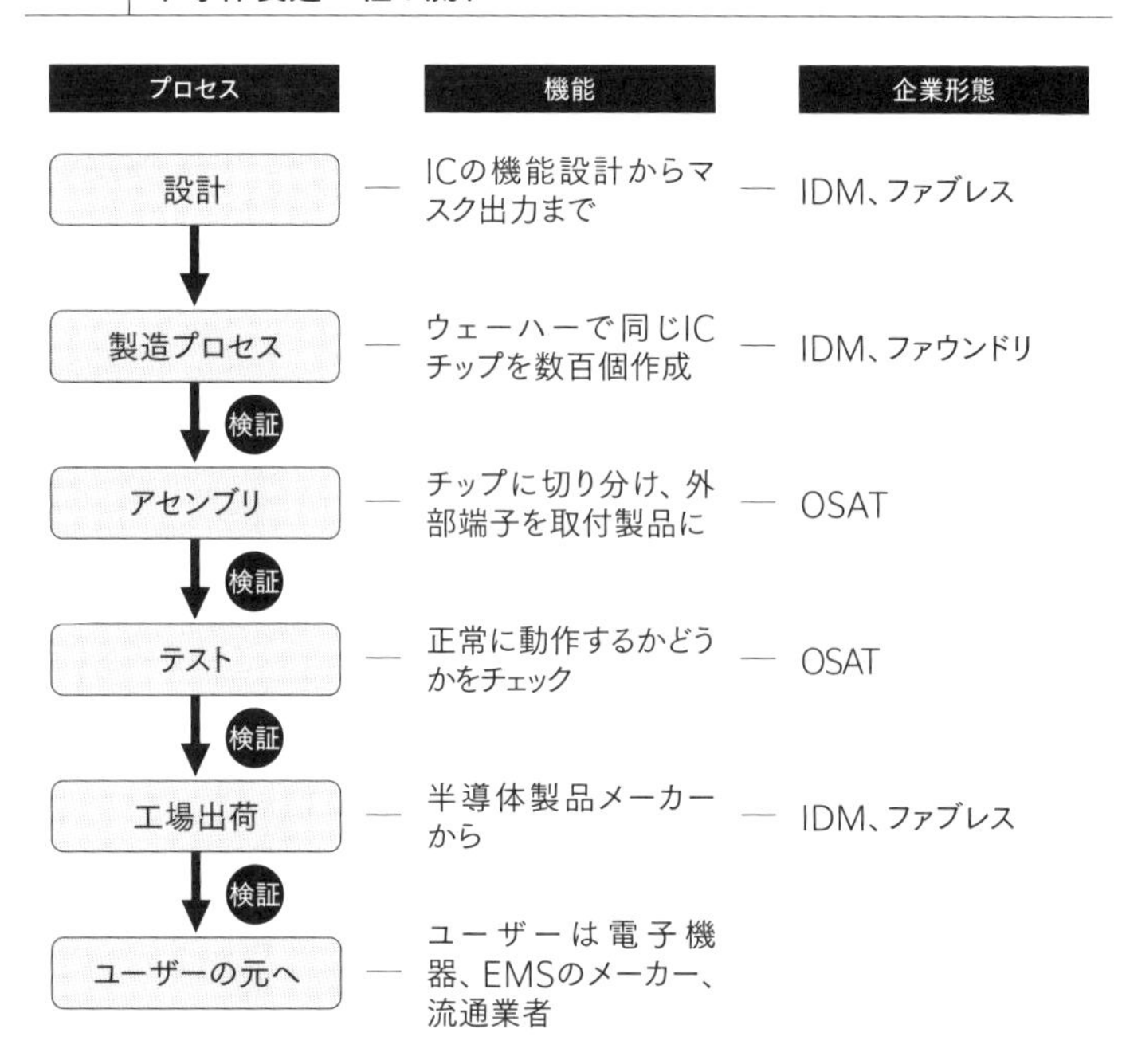

3-2 半導体の設計工程

設計図はあまりにも複雑すぎるため、コンピュータによる自動設計を主体にする。この作業は、例えば東京都の地図を描く作業に似ている。最初は23区とそれ以外に分け、23区内ごとに設計し合わせていくというような作業と同様、**複雑なIC回路をいくつかの回路ブロックに分け、大きな回路ブロックをチップ全体に割り当てていく。**一部の知的財産のような回路をIPといい、多くのIPをシリコン上に当てはめていく。幹線道路（バス）や区内の道路などの設計では、道路をできるだけ短くして、信号データを速く伝わるようにしたり、データ同士が衝突しないように整理したり、バスというハードウェアだけではなく、どの順番に何のデータを流していくかというソフトウェアプロトコルを標準化しておくなど細かい作業も必要となる。

設計ツールのEDA（電子設計自動化）ベンダーは自動的に設計できるように、システム設計に近い上位工程では抽象度を上げており、IC設計者はほぼプログラミング作業になっている。このためバグを取る作業も欠かせない。また設計通りの性能・機能が得られているかなどのシミュレーションを駆使して、プログラムが正しいかどうかを検証する。

製造でも自動化は必須であり、工程間の搬送は人手ではなく、自動搬送機が天井を走り回っている。人が呼吸するたびに体内から目に見えない汗やゴミ（パーティクルと呼ぶ）がクリーンルームに入り込むため、できるだけ人間を排除する。最低限のモニターや装置のメンテナンスなどの人員が作業している。

設計工程の基本的な作業を書き出してみたのが図3－3である。設計ではEDAベンダーが設計ツールを提供し、設計者はそのツールを駆使して、コンピュータ上で設計する。

図3-3 設計工程とサプライヤー

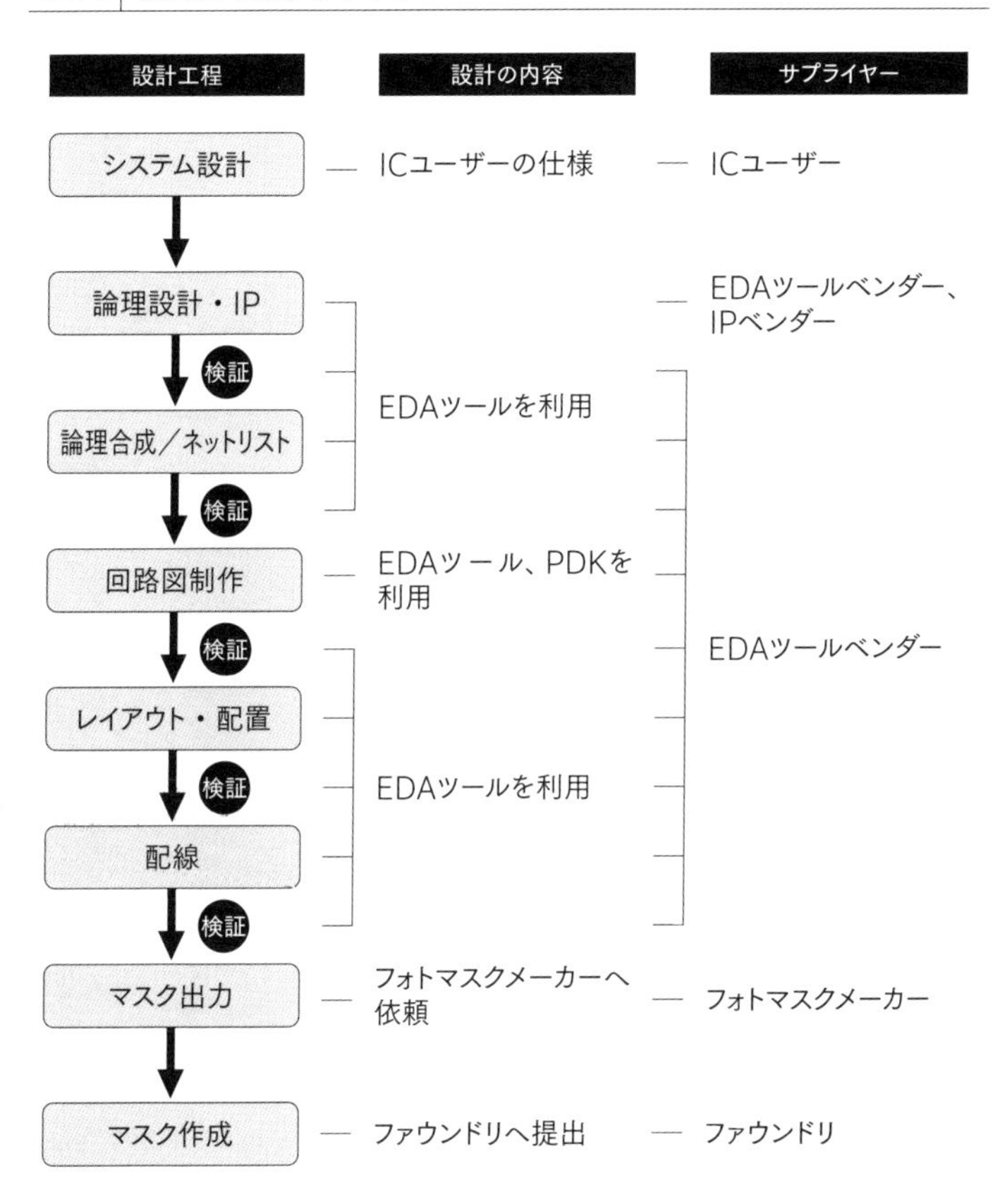

3-3 安定成長するファブレス半導体メーカー

設計工程しか受け持たないファブレス半導体企業でさえ、さらに分化を遂げている。ファブレス企業の中身を見てみると、設計工程だけを請け負うデザインハウスがあり、ここにも参加しているサプライヤーは多い。

1980年代に誕生したファブレス半導体メーカーとして、先行したのはFPGA（フィールドプログラマブルゲートアレイ）を手掛ける**ザイリンクス**と**アルテラ**だった。FPGAは、ユーザーが自分の好きな回路を自由にプログラムして構成できる半導体ICである。主要なロジック回路を寄せ集めたLUT（ルックアップテーブル）を多数持ち、ロジック回路をつなぐスイッチとなる大量のSRAM回路も集積したロジックICだ。ザイリンクスとアルテラは競い合ってFPGAビジネスをけん引し成長した。

やや古いデータだが、ファブレスとIDMの成長率を1999年から2012年まで集計したのが、図3－4である。この図から**IDMよりもファブレスの方が成長率は高**

図3-4 ファブレスとIDMの成長率

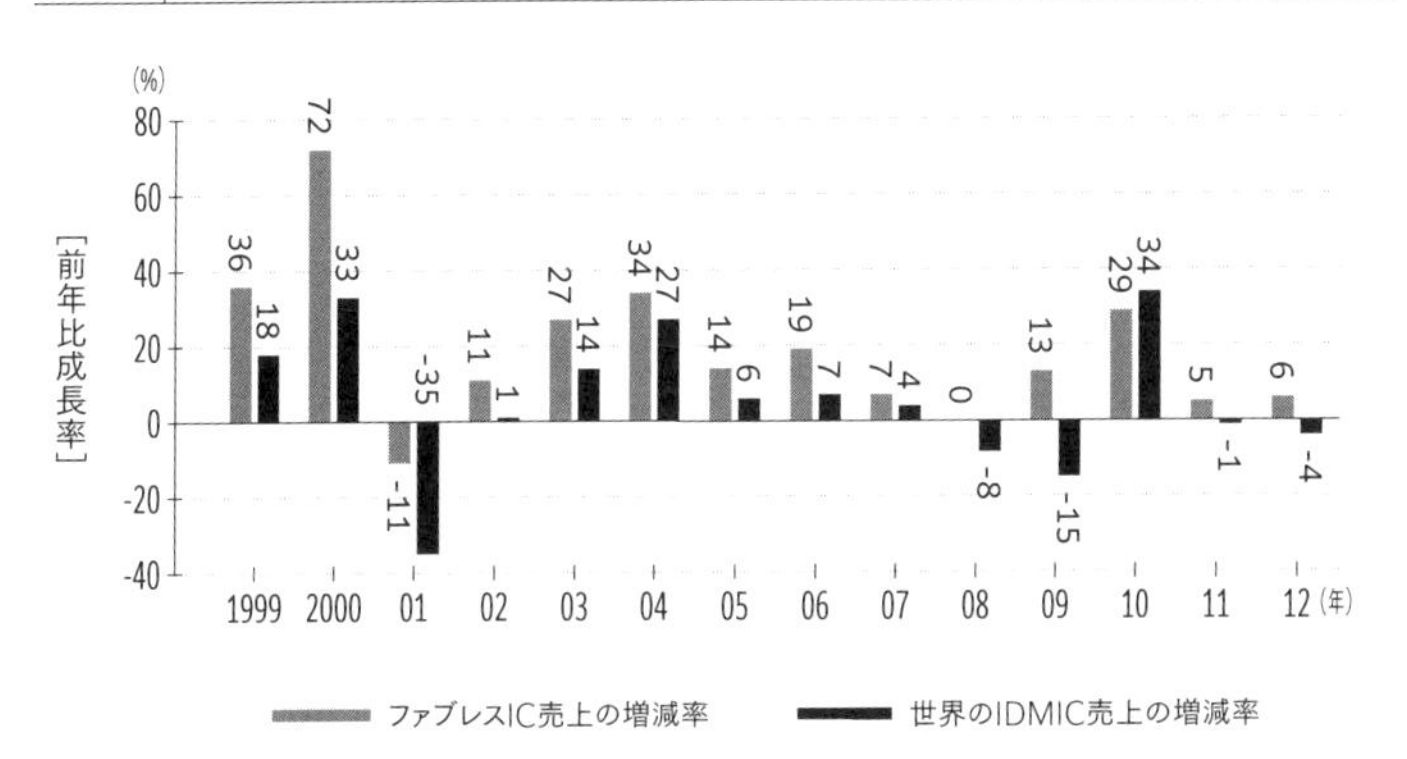

出典：Insightsの資料をもとに作成

い。２０１０年だけは例外的にＩＤＭが高いのは、メモリが不足し生産拡大で伸びたため。また、ファブレスは景気後退でマイナスになる時も落ち込みがＩＤＭより少なく、安定したビジネスといえる。

ファブレスは、もともと資金が足りなくて工場を建てられない、というやむにやまれぬ事情で始まったが、実は成長率がＩＤＭよりも高かったというわけだ。ファウンドリをうまく使えば自社開発のチップを持つことができることがわかった。

ファブレスの圧倒的勝者は米国

ファブレス半導体メーカーとして、最も

売り上げが多いのが米エヌビディアであり、米クアルコム、米ブロードコムが続く。クアルコムは5G通信モデムやモバイルプロセッサが強く、中国のスマートフォンメーカーからの引き合いも強い。

2023年におけるファブレス半導体のトップ10社を並べたのが図3－5である。3位にはAI（人工知能）にシフトして業績を伸ばしている米エヌビディアがいる。この調査では、クアルコムの売り上げはチップの売り上げだけであり、特許料の売り上げは含んでいない。

米国メーカーが圧倒的に強く、10社中6社が米国を本社とする企業であり、台湾企業（メディアテック、ノバテック、リアルテック）は3社である。4位にいる台湾のメディアテックもクアルコム同様、中国スマホメーカーからの需要により5Gのスマホで売り上げを伸ばしている。

中国にも強いファブレス半導体企業はいる。9位のウィル・セミコンダクターはCMOSイメージセンサのオムニビジョンを傘下に収め成長した。

このトップ10社ランキングには日本のファブレスメーカーは1社も入っていない。第10位の米MPSは18・21億ドル（約2640億円）であるが、日本のファブレスはまだそのレベルに及ばない。

図3-5 ファブレス半導体の2023年におけるトップ10社

順位		企業名	売上高			市場占有率	
2023	2022		2023（百万ドル）	2022（百万ドル）	YoY（%）	2023（%）	2022（%）
1	2	エヌビディア	55,268	27,014	105	33	18
2	1	クアルコム	30,913	36,722	-16	18	24
3	3	ブロードコム	28,445	26,640	7	17	18
4	4	アドバンスト・マイクロ・デバイセズ（AMD）	22,680	23,601	-4	14	16
5	5	メディアテック	3,888	18,421	-25	8	12
6	6	マーベル	5,505	5,895	-7	3	4
7	8	ノバテック	3,544	3,708	-4	2	2
8	7	リアルテック	3,053	3,753	-19	2	2
9	9	ウィル・セミコンダクター	2,525	2,462	3	2	2
10	-	モノリシックパワーシステムズ（MPS）	1,821	1,754	4	1	-
-	10	シーラス・ロジック	1,790	2,015	-11	-	1
総売上高			167,642	150,231	12	100	100

出典：TrendForce

日本では、ベンチャーとして起業したファブレスはいる。メガチップスやザインエレクトロニクスなどだ。しかし売上額は1000億円に満たない。そんな中で**富士通とパナソニックの合弁で生まれたソシオネクストは2023年度に2300億円を稼ぎ、トップテン入りを狙っている。**

設計作業のみを請け負うデザインハウス

またファブレスという範疇に含めるが、**設計だけを請け負うデザインハウス**もある。IC設計では、RTL出力までのコーディング作業が必要だが、HDLやVerilogなどの設計記述言語を習得する必要がある。未経験のIC設計言語を学ぶよりも、**RTL出力をコーディングしてくれる業者に頼む方が合理的**と考える人たちもいる。こういった業者がデザインハウスである。

デザインハウスはRTLをプログラミングし、さらに回路図まで設計し、最後にGDS－IIというマスク出力形式まで担うLSI設計を請け負う。

デザインハウスは、社員数が数十名～数百名と比較的小さな企業が多く、しかも顧客に密着した地域に設立されたところが多い。国内では**大日本印刷**が古くからLSI設計を手掛けており、現在は、DNPエル・エス・アイ・デザインとして事業を展開している。

DNPは、ICは欲しいが設計も製造もできないというユーザーから注文を受け、自社で設計しマスクまで出力できる。さらにファウンドリのTSMCとも契約しており、マスクデータをTSMCに送り、製造を依頼する。それをテストしてユーザーにICチップを納品する。トッパンも同様なビジネスを展開している。

デザインハウスとして、海外ではインドが強い。例えばテキサス・インスツルメンツ（TI）やSTマイクロエレクトロニクスは、米国や欧州でICの仕様を固め、設計作業をインドのデザインハウスに依頼し、自社に戻して製造していた。このためインドのデザインハウスは力をつけ、自社でEDAツールを改良したり、自社でASICを設計したりする能力が十分高い。

3-4 複雑化が進む半導体製造の世界

半導体製造に欠かせなくなった自動設計ソフトウェア

半導体LSIが今や100億個のトランジスタを集積する時代になった。一連の設計作業では、もはや人手で設計するわけにはいかない。

そこで生まれたのが**自動設計するためのソフトウェアツールを生み出す企業**たちである。設計ツールは、集積度が低かった時代には半導体メーカーが自ら開発していたが、集積度が上がるにつれ、階層的に設計するような手法が生まれてきた（LSI設計に関しては、第4章の半導体設計工程を参照していただきたい）。それとともに、半導体メーカーが持っていたCAD開発本部といった組織は次第に専門業者に取って代わるようになった。

現在最も強いツールベンダーは、売上額の順で**シノプシス**、**ケイデンスデザインシステムズ**、そして**シーメンスEDA（旧メンターグラフィックス）**である。この3社はEDA

（Electronic Design Automation）のトップスリーといわれている。**CADではなくEDAという言葉を使うのは、設計だけではなく、検証やデバグ、論理合成などさまざまな自動化工程を通らなければならないからだ。**

3社に共通するのは、このEDA業界ではM&Aの繰り返しによって大きく成長してきたことだ。設計するためのソフトウェアツール産業では、優れたソフトウェアを開発する小さなスタートアップが現れてくる。これらの小さなベンチャーを買収し自社の製品ポートフォリオを組み込むことで、トップスリーは成長してきた。

半導体設計のトップリーダーのシノプシスは、半導体設計のための論理設計や論理合成などの設計ツールだけではなく、検証ツールでも強い。むしろ検証ツールが同社のコアコンピタンスでもある。加えてIPビジネスも手掛けており、IP事業ではアームに次ぐ地位を確立している。さらにソフトウェアのセキュリティと品質の欠陥を見つけるツールも手掛けている。要は、**半導体設計の全てをカバーするベンダー**である。

ケイデンスも、デジタル論理設計から検証、論理合成、回路シミュレーションなどに加え、さまざまなICパッケージに対応した設計やシミュレーションツールを揃えており、電磁界解析や熱解析のシミュレーションツール、プリント回路設計ツールも揃えている。DSPのIPコアのテンシリカを買収し、IPコアにも力を入れている。

シーメンスＥＤＡは、半導体設計からＩＣパッケージ、プリント回路設計、検証ツールだけではなく、ＩＣ製造でのマスクを最適に修正するＯＰＣツールやプリント回路基板でも定評がある。特にアナログ設計のシミュレーションツールにも強い。さらに熱解析ツールが充実しており、システム上のモデリングも手掛けている。車載のシステム設計にも強く、ワイヤーハーネスの設計までできるツールを揃えている。車載用のツールまで手掛けていることから、シーメンスが買収してシーメンスの製品ポートフォリオを広げた。

これら3社のツールは半導体設計・検証にはなくてはならないソフトウェアであり、これらを使わない半導体企業やファウンドリ企業はもはやないといえそうだ。米国から中国の企業への輸出制限が強化される項目に、米国製半導体製造装置やソフトウェアを使って設計したＩＣチップは輸出が制限されている。事実上は輸出禁止措置だ。

製造工程は多くのサプライヤーが存在して複雑

製造工程の基本的な作業を書き出してみると、図３－６のようになる。ここでは実に多くの業種のサプライヤーがいる。特に製造装置では、ＦＯＵＰの入出口から始まり複

図3-6　製造プロセス工程と関わるサプライヤー

設計工程	内容	サプライヤー	サブサプライヤー	共通部材
ウェーハ	ウェーハの仕様	液晶メーカー	るつぼ、引き上げ装置	
洗浄・乾燥	洗浄・乾燥などの装置	装置メーカー、IPAなどの材料メーカー	純粋供給	ロボットアーム、FOOP
酸化	酸化炉などの装置	装置メーカー、ガスメーカー	酸素、窒素、水素	自動FOOP搬送機、マスフローメーター
リソグラフィ	現像・塗布装置	装置メーカー、IPAなど材料メーカー	静電チェック、レーザー励起ガス	静電チャック、光量計測、ステップモーター
エッチング	プラズマエッチャー装置	装置メーカー、ガスメーカー、科学メーカー	RFプラズマ発生器、流用計	真空ポンプ、廃液ポンプ
洗浄・乾燥	洗浄・乾燥などの装置	装置メーカー、IPAなど材料メーカー	純水供給	液体ポンプ、クリーンルーム
CVDやスパッタ	CVD装置、スパッタ装置、MOCVE	装置メーカー、ガス・薬品メーカー、ターゲット	ロボットアーム、リニアガイド	HEPAフィルタ、温湿度センサ
イオン打ち込み	イオン打ち込み装置	化学品メーカー	高圧電源	パーティクルカウンター、SEM、TEM
急速アニール	アニール装置	ランプアニーラー	窒素ガス	側長SEM、イオンビーム解析
CMP	化学的機械研磨	スラリーなどの薬品メーカー、装置メーカー	廃液処理	FTR

数のチャンバ、その内部のプラズマ装置、チャンバ外の電源やガス配管、バルブ、ロボットアーム、リニアガイドなどさまざまな部材や材料も使われる。ある意味大きなシステムとなっており、それらを動かすのが頭脳となるマイコンやＳｏＣ（System on Chip＝全体のシステムを１つのチップにまとめる技術集約型の半導体）である。

つまり、**半導体製造装置を動かすのにさまざまな半導体が使われている。**２０２０〜21年の半導体不足が大きくなった時、半導体が入手できないから半導体製造装置を作れないという洒落にもならない話が出てきていた。

製造工程でも設計と同様、ほとんど自動化が進み、最先端のメモリ工場や３００ｍｍウェーハのロジックやファウンドリ工場では天井を自動搬送機が行き来している。常にパーティクルカウンターでクリーンルームの清浄度をチェックしており、実にさまざまな装置メーカー、化学・薬品メーカー、純水メーカー、ガスメーカー、材料メーカーなどが参入している。

さまざまなサプライヤーが途切れると製造できなくなるため、サプライチェーンの確保は必須となる。

3-5 製造工程だけを受け持つファウンドリの誕生

ファブレス半導体ベンチャーが生まれたことで、**ファウンドリという製造専門の請負半導体企業**が生まれた。最初にこのビジネスモデルを生み出したのがＴＳＭＣの創業者であるモリス・チャン氏だ。

彼はテキサス・インスツルメンツ（ＴＩ）の経営陣の一人だったが、台湾で半導体産業に力を入れ始めたことで台湾政府が彼を呼び戻した。当初は、工業技術院ＩＴＲＩで半導体研究をしていたが、シリコンバレーでのファブレス企業が続々と生まれるのを見て、ファウンドリを手掛けることを思いついたとされている。

１９９０年ごろの台湾では、それまでの半導体後工程に加え、前工程にも力を入れて国全体の経済成長を進めていた。90年ごろまでの台湾はパソコンの製造・組み立てを請け負うＥＭＳ(Electronics Manufacturing Service)を手掛けており、半導体でも後工程は強かった。

しかし、前工程は全くやっていなかった。しかも、この当時の半導体の付加価値は、ウェーハプロセスを扱う前工程の方が、ウェーハからチップに切り出しアセンブリする後工程よりも価値が高いとされていた。このため、台湾は自身の産業を強化するため前工程を中核産業とし始めた。

最初に半導体企業を立ち上げたのが台湾のＵＭＣ（United Microelectronics Corporation）で、当時はＩＤＭとしてどのような製品を作るべきか模索していた。時計やおもちゃ用半導体、ＲＯＭメモリなど台湾は日本や米国とは違う半導体ビジネスを探していた。ＤＲＡＭメモリは日本が強く、プロセッサは米国が強かった。そして、ＴＳＭＣはファウンドリ事業を立ち上げ、そのＵＭＣもＴＳＭＣのファウンドリモデルを見て、それに習った。

２０００年代に台湾に追い抜かれた日本企業

台湾勢が半導体事業を始めた１９９０年ごろは日本の半導体の絶頂期であり、米国よりも高い市場シェアを誇っていた。最高時にはシェアが50％を超えた。しかも日本の得意なＤＲＡＭは微細化技術の先端を走っていた。

一方、台湾のファウンドリは前工程の付加価値が微細化にあることを知りながらも、微細化すればするほど投資金額が増えていくことから、まずは身の丈に合った投資から始めた。それは日本の先端プロセスよりも2世代も3世代も遅れた技術であった。しかし、1歩ずつ、しかも着実に投資し続けた。

当初の顧客は米国シリコンバレーのファブレスたちで、微細化しなくても機能で勝負できたため、TSMCは無理に微細化しなくても製造に徹することができた。そして、顧客の設計情報の秘密を厳守し、信頼を勝ち取ることで、少しずつビジネスとしてその地位を上げていった。

10年が経ち、2000年になると日本の半導体メーカーは大事なビジネス機会に投資をしなくなった。**日本の大手半導体メーカーは全て総合電機の傘下にあり、内部の半導体事業部門にすぎなかったため、総合電機のトップ経営者に半導体事業の重要性を理解してもらえなかった。**

同時にビジネスに目ざとい台湾TSMCは金融機関からの資金繰りも取り込み、微細化を進め、日本を逆転した。台湾人は、日本人と同様、プロセスの立ち上げ時に歩留まりが悪い状況では、残業はもちろん徹夜も厭わないほど働くため、懸命な努力が実った。

デザインハウスが顧客とファウンドリをつなぐ

ＴＳＭＣは、さらにファウンドリを不動のものとするために、設計ツールや設計人材を揃え、顧客とディスカッションできる設計営業部門も充実させるとともに、標準仕様となるＰＤＫ（プロセス開発キット）を揃えた。さらに、顧客のために設計するデザインセンターあるいはデザインハウスと呼ばれる設計請負の専門会社とエコシステムを形成した。

設計経験のないシステムベンダーが、顧客として半導体チップの製造を依頼しても、前述したＬＳＩ設計言語を習得しなければＬＳＩは設計できない。そこで、その代わりとなる、設計データの作成を請け負うデザインハウスを充実させたのである。

その結果、どのような客でも設計し、マスクまで作成すれば、ファウンドリは製造できる。デザインハウスは、そのつなぎの役割を果たすのだ。

郵便はがき

料金受取人払郵便

牛込局承認

6117

差出有効期限
令和8年7月
31日まで

162-8790

東京都新宿区揚場町2-18
白宝ビル7F

フォレスト出版株式会社
愛読者カード係

フリガナ お名前	年齢　　　歳 性別（ 男・女 ）
ご住所 〒 ☎（　　）　FAX（　　）	
ご職業	役職
ご勤務先または学校名	
Eメールアドレス メールによる新刊案内をお送り致します。ご希望されない場合は空欄のままで結構です。	

フォレスト出版　愛読者カード

ご購読ありがとうございます。今後の出版物の資料とさせていただきますので、下記の設問にお答えください。ご協力をお願い申し上げます。

●ご購入図書名　「　　　　　　　　　　　　　　　　」

●お買い上げ書店名「　　　　　　　　　　　　　　」書店

●お買い求めの動機は?

1. 著者が好きだから　　2. タイトルが気に入って
3. 装丁がよかったから　　4. 人にすすめられて
5. 新聞・雑誌の広告で（掲載誌誌名　　　　　　　　）
6. その他（　　　　　　　　　　　　　　　　）

●ご購読されている新聞・雑誌・Webサイトは?

（　　　　　　　　　　　　　　　　　　　　）

●よく利用するSNSは?（複数回答可）

☐Facebook　☐X（旧Twitter）　☐LINE　☐その他（　　　　　）

●お読みになりたい著者、テーマ等を具体的にお聞かせください。

（　　　　　　　　　　　　　　　　　　　　）

●本書についてのご意見・ご感想をお聞かせください。

●ご意見・ご感想をWebサイト・広告等に掲載させていただいてもよろしいでしょうか?

☐YES　☐NO　☐匿名であればYES

同時に成長を遂げたファウンドリとファブレス

ＴＳＭＣやＵＭＣがファウンドリビジネスを確立したことで、ファブレス半導体メーカーは安心して半導体設計に注力できた。しかも工場を持たなくて済むため、これまで以上に多くのファブレス半導体メーカーが生まれるようになった（図３－７→１０２ページ）。**逆にファウンドリは顧客が予想以上に増えた。ファブレス半導体メーカーだけではなく、ＩＤＭ（設計から製造まで手掛ける垂直統合の半導体メーカー）からも、そしてシステムメーカーからも注文を受けるようになった。**このためファウンドリもファブレスもＩＤＭより年平均成長率は高くなった（図３－８→１０２ページ）。

結局、ＩＤＭは工場を維持するためのコストがかかる割に、従来のような大量生産品が少なくなってきたことから、ＩＤＭは主産の大部分を外部に委託するファブライト、あるいは完全なファブレスを指向するようになった。中には、設計も製造も行っていたＡＭＤのようにファブレス部門とファウンドリ部門に完全に分離する企業が出てきた。ＡＭＤはファブレスとなり、製造部門はグローバルファウンドリーズ（ＧＦ）となった。ＧＦは、アブダビ首長国の資本を導入、ファウンドリとして自立した。

図3-7　ファブレスとIDM企業のIC売上高

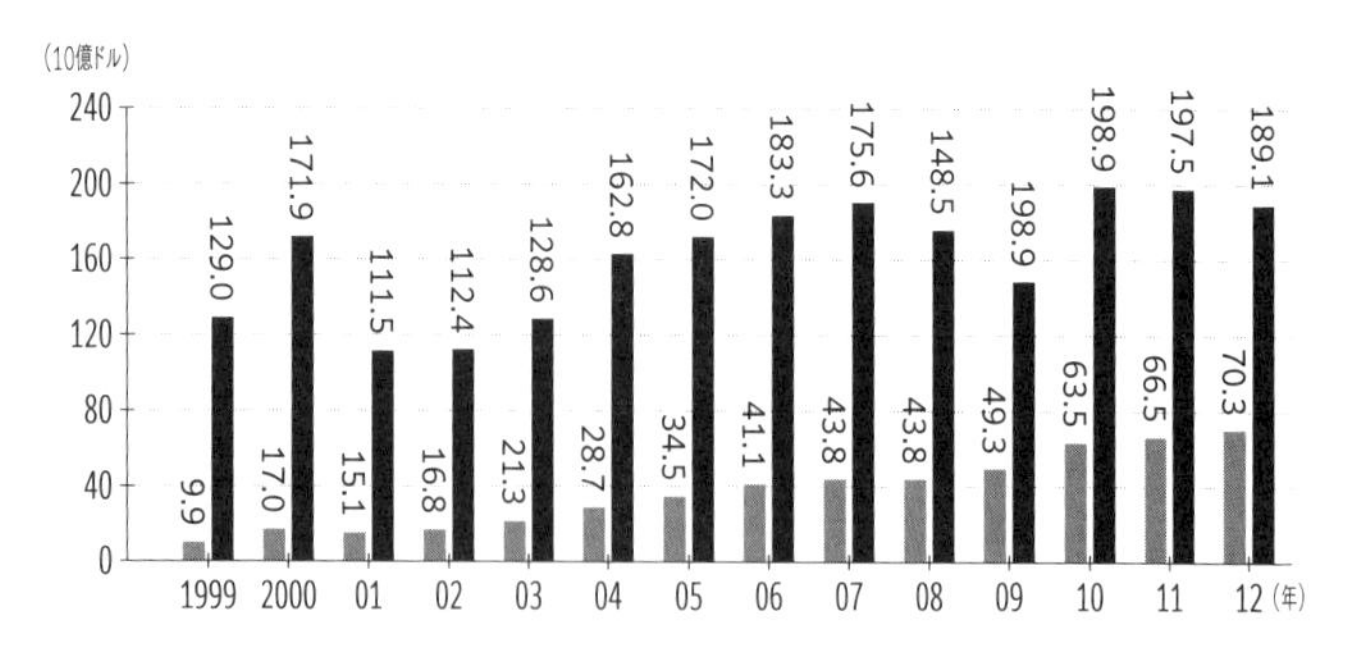

1999-2012 年平均成長率：
ファブレスIC売上高＝16%　IDM IC 売上高＝3%　世界のIC売上高＝5%

ファブレスIC売上高　世界のIC売上高

出典：Insights の資料をもとに作成

図3-8　ファウンドリの年平均成長率

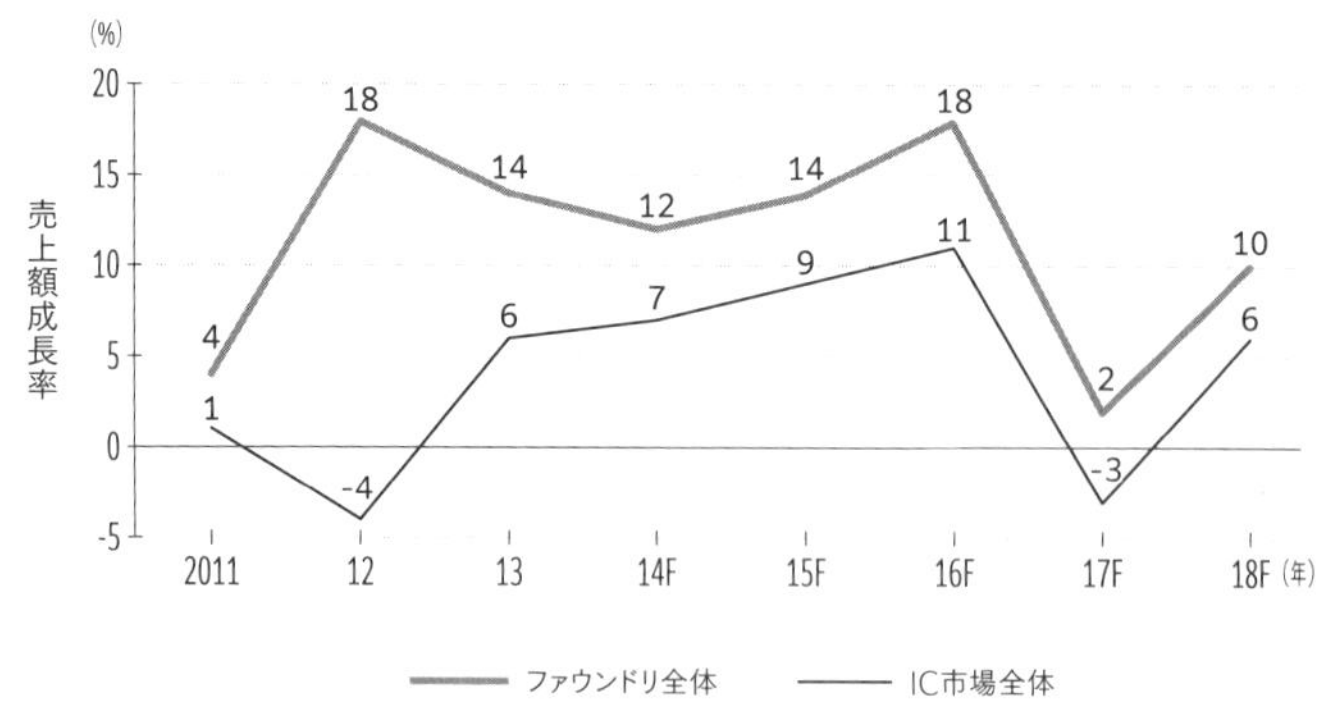

ファウンドリ全体　IC市場全体

出典：IC Insights の資料をもとに作成

GFは、シンガポールの国策会社からスタートしたチャータード・セミコンダクターや米国のIBMの工場を買収し、ドイツのドレスデン、そしてシンガポールにも拠点を築いていった。しかしながら2019年にIBMの工場をオンセミへ、シンガポール工場も台湾へ売却した。現在はドレスデンの工場に加え、ニューヨーク州のマルタ市に土地を確保しており、事業の再構築を図っている。

日本は昔ながらの大量生産製品が生き残る

日本の半導体だけがヨロヨロしながら、静かに沈んでいき、現在に至った。現在でも好調な**キオクシア**と**ソニーセミコンダクタソリューションズ**は、それぞれNANDフラッシュメモリ、CMOSイメージセンサを大量生産するIDMであるが、IDMとして成り立っているのは、昔ながらの大量生産できる製品を持っているからだ。キオクシアに限らず、サムスンやSKハイニックス、マイクロンなどのメモリメーカーは全てIDMである。

メモリは製造が中心の製品で、ロジックのような複雑な設計と違い、メモリ設計はセル設計がメインで、それを多数並べた構造であり、周辺回路は少ない。メモリは、少しの設計技術と膨大な製造技術が必要なため、ＩＤＭの方が有利な業態といえる。ＣＭＯＳセンサも同様に、大きなマトリクス状の受光アレイと小さな周辺回路からなる製造リッチなテクノロジーである。

国内でも2022年になって初めてファウンドリ専門企業が生まれた。それがラピダスである。北海道の千歳市の工業団地に土地を確保し、工場を建設中である（↓０１９ページ参照）。

COLUMN

日本が健闘している製造装置会社

半導体の製造では、回路パターンに沿って絶縁膜や半導体を削ったり、堆積させたりする。部分的に削る、堆積するために、写真工程のような**リソグラフィ技術**を使う。加工するための装置が製造装置である。製造装置分野では、日本は米国と並んで強い。米国市場調査会社のVLSI Research（現TechInsights）によると、

2022年における世界最大手は米アプライドマテリアルズである。2位はオランダのリソグラフィメーカーASML、3位米ラム・リサーチ、4位東京エレクトロンと続く。

上位15社の装置サプライヤーには製造装置メーカーだけではなく、テスト装置メーカーも含まれており、第5位の米KLA、第6位の日本のアドバンテストとなっている。この15社の中に含まれる日本のメーカーは8社もあり、最も多い。

最近の製造装置は年々価格が高騰しており、ASMLが製造するEUV装置は200億円程度にも達する。さらに高性能な高NA（開口数）0・55と従来の0・35よりも明るい露光装置だとさらに高額になる。

EUV技術は7nmプロセス移行から本格的に使われるようになってきた。それまでの間は、波長193nmのArFレーザーの液浸技術を使っていたが、14／16nmを加工するためには、1回露光し、現像・水洗したのち、パターンを半分ずらしてもう一度露光するという、面倒なダブル露光技術を使っていた。しかし、7nmとなると、2回露光では済まない。さらにもう1回ずらすという3回露光を使わざるを得なくなった。これほど微細ではない従来の露光技術だと1回で済む工程が3倍も長くかかることになる。

一方、EUV露光に必要な光（といっても目には見えない）の出力が上がりつつ、EUVなら1回露光で済む。このため、5nm以下ではEUVが主力になりつつあり、その先の3nmはEUVしか使えなくなった。従来のレーザー露光ではスループット（1時間当たりのウェーハ処理量）が3分の1に落ちるためである。

リソグラフィ以外の工程の半導体製造装置なら、ほぼすべてをカバーしているトップメーカーはアプライドマテリアルズだ。2023年度（2023年10月期）の売上額は265億ドル（約3・8兆円）に上っている。

アプライドは、シリコンの上に絶縁膜や多結晶シリコンを形成するCVD（化学的気相成長）法やメタルを形成するPVD（スパッタ）法、ごく薄い絶縁膜を形成するALE（原子層エピタキシー）法などの成膜装置や、不要な部分だけを除去するエッチング装置でも絶縁膜やメタル、シリコンなどを垂直に除去する装置や、高く積んだ種類の異なる成膜を一様に削り取るCMP（化学的機械研磨）装置などを持つ。さらに、不純物ドーピングするためのイオン注入装置や、それによるダメージを回復させるアニール装置、シリコン窒化膜を形成するプラズマCVDなどもある。

これらの成膜・除去などの処理装置でシリコン上に多数のMOSトランジスタを形成し、それらを互いに分離し回路を形成するための製造装置だけではなく、形成した回路パターンを検査するためのパターン検査装置や計測装置も持っている。

また、東京エレクトロンも、成膜やエッチング装置に加え、リソグラフィでレジストを塗るコーターや、露光した後の現像を行うデベロッパーの装置、さらには化学処理する前と後でウェーハをきれいにする純水洗浄装置なども持つ。

東京エレクトロンに続き、テスターのアドバンテスト、洗浄に強いSCREENホールディングス、計測装置に強い日立ハイテクなどの日本勢がトップ15ランキングに入っている。

アドバンテストは、ウェーハが完成し、チップに切り離してパッケージした後に、ICをテストする装置、すなわちテスターを製造供給する。メモリだけではなく、システムLSIといわれるSoC（システムオンチップ）を検査するテスターに加え、ICを恒温槽などに搬送するハンドラーも製造している。

3-6 アセンブリ工程

アセンブリ工程も台湾勢が強い

半導体を組み立てるアセンブリ工程を表したのが図3－9である。

ここでは、受け取った完成ウェーハを各チップに切り出し、リードフレームやプリント回路などの一つの基板に載せ、外部端子（リード）を取り付け、樹脂などで封止する。製品としてテストし、性能や機能などの仕様のランクに応じて、高速品、中速品、低速品などに仕様ごとに分類する。

このアセンブリ工程でもチップを実装するためのさまざまな製造装置が必要で、またさまざまな材料も使われている。

例えば、ウェーハからチップに分割する場合に一時的にチップ化して載せる弾力性のあるテープは、チップを基板に載せるための使い捨ての材料である。一方で、チップを

図3-9 アセンブリ工程のサプライヤー

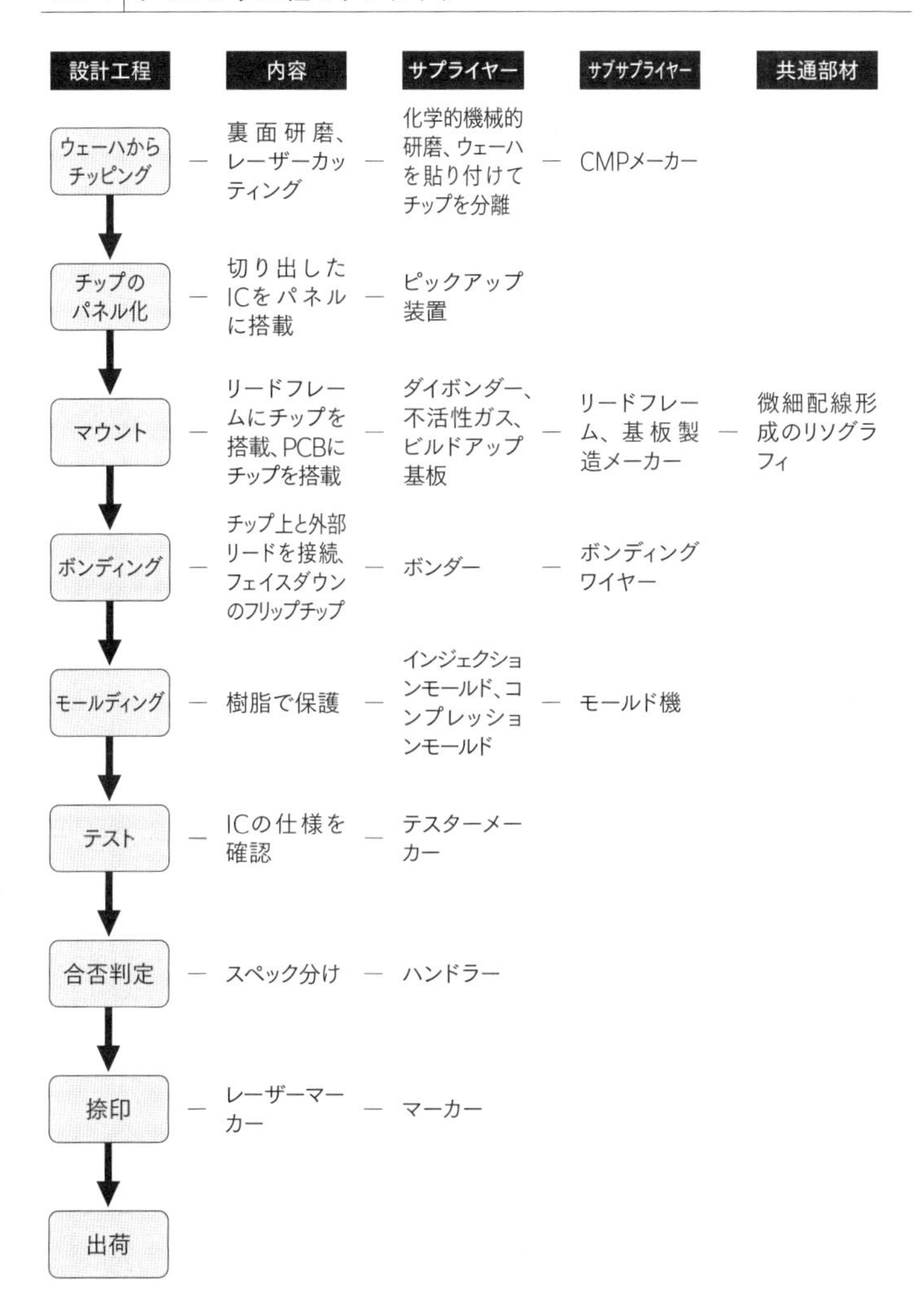

保護する樹脂は製品の寿命が尽きるまで使い続ける材料だ。しかしどちらの材料も純度や構成など半導体メーカーからの厳しい要求に応えなければならない。

アセンブリ事業にも付加価値が高まる

かつて半導体産業は、ウェーハプロセスの前工程に価値があり、後工程は価値が少ないとされ、日本も米国もアジアに後工程の拠点を設けた。完成したウェーハをチップにカットし、土台となるリードフレームにチップ裏面をボンディングし、表面をワイヤーボンディングで端子を取り出し、最後にモールディングして組み立てを終えた。最後にテストして良品なら捺印し出荷していた。

ここではシリコン半導体の知識ではなく、小さなチップから端子を取り出すことが回路上最大の目的だったからだ。チップは1辺が1~数mmしかないシリコン片から数十本のリード端子を取り出して扱いやすくしてきた。

ところが最近は事情が変わってきた。組み立て装置も自動化が進み、数mm角のチップとほぼ同じ大きさのパッケージができるようになったからだ。加えて、チップ同士を重ねる3次元パッケージ技術も始まった。

こうなると、ウェーハプロセスの前工程でウェーハ同士を重ねてからチップに切り出すことも可能になる。後工程が前工程側に取り込まれることになる。現実にウェーハファウンドリ最大手のＴＳＭＣが３次元パッケージを手掛けるようになっている。

シリコン上の集積回路を形成した最終的なウェーハそのものをプラスチック樹脂で覆ってしまい、リード端子をチップの外側に取り出すＦＯＷＬＰ（ファンアウト・ウェーハレベルパッケージ）や、リード端子が少ない場合はチップの裏側だけで形成できるファンインＷＬＰといった**超小型パッケージの半導体チップが急速に発達してきた。iPhoneをはじめとするスマートフォンの心臓部となるＳｏＣ（システムオンチップ）に使うためだ。**特にリード端子の多いＳｏＣではＦＯＷＬＰが普及してきた。

このＦＯＷＬＰパッケージ技術をウェーハファウンドリ企業のＴＳＭＣが独自に開発しており、ＩｎＦＯ（Integrated Fan-Out WLP）と呼んでいる。この方法では、従来のパッケージング方法と違い、リードフレームやプリント回路基板のような支持基板が要らない。チップを切り出すところまでは、従来方法と同じだが、ウェーハからカットされたシリコンチップ（ダイともいう）をウェーハとほぼ同じ大きさの仮の支持台に載せる。支持台全体をプラスチックのモールド樹脂で覆った後、全体を研磨し電極部分を露出させる。再配線層を形成したのち、プリント配線基板にハンダ付けできるようにハンダボールを再配線層の電極の上に形成する。

ＴＳＭＣは、スマホ用のアプリケーションプロセッサのパッケージとして、このＩｎＦＯ技術を使ったが、プロセッサとメモリ（ＤＲＡＭ）との距離を短縮して性能を上げるとともに高密度実装するため、パッケージの上にＤＲＡＭを載せている。いわばＰｏＰ（Package on Package）と呼ぶ形を取る。コンピューティングではプロセッサとメモリとの距離が近ければ近いほどシステムは高速になるからだ。

かつて、前工程はＴＳＭＣが請け負い、後工程とテストはＡＳＥグループが請け負うという分業が完全に成り立っていたが、近年ではＴＳＭＣの上の例で見るように、ＴＳＭＣは最新の半導体パッケージング技術でＡＳＥとライバル関係にもなっている。

後工程の請負製造サービスを**ＯＳＡＴ**（オーサット）（Out-sourced Semiconductor Assembly and Test）と呼ぶ。ＯＳＡＴは最先端パッケージ以外の後工程をパッケージングだけではなく、最終のテストも請け負っている。最大手のＯＳＡＴは**ＡＳＥグループ**で、その次が**アムコー**であり、ＯＳＡＴ企業の上位10社では図３－10のように台湾系の企業が強い。

日本ではこの後工程でも米国や欧州、アジアとも異なる形態をとっていた。すなわち自社で後工程も持っていた。米国のファブレスは前工程だけではなく、後工程でもＯＳＡＴに依頼しており、自社で抱え込まなかった。

図3-10 2020年3Q（第3四半期）における半導体後工程請負サービスのOSATの世界トップ10社

順位	企業	地域	3Q 2020（百万米ドル）	3Q 2019（百万米ドル）	シェア（%）	年成長率（%）
1	ASE	台湾	1520	1321	22.5	15.1
2	Amkor	米国	1354	1084	20.0	24.9
3	JCET	中国	982	1006	14.5	-2.3
4	SPIL	台湾	897	763	13.3	17.5
5	PTI	台湾	647	566	9.6	14.2
6	TFME	中国	398	352	5.9	13.0
7	Hua Tian	中国	319	324	4.7	-1.5
8	KYEC	台湾	251	225	3.7	11.6
9	Chipbond	台湾	197	174	2.9	13.1
10	ChipMOS	台湾	194	173	2.9	12.4

出典：Trendforce

しかし、日本はつい数年前まで自社で持っていたが、結局手放した。国内では唯一、大分県に拠点を構えていたジェイデバイスが東芝の後工程を譲り受け、独立系のOSATサービスを展開していた。富士通セミコンダクターやルネサスエレクトロニクスの後工程工場を譲り受け、工場を増強していた。ところが、2015年にアムコーがジェイデバイスを吸収合併し、日本からOSAT企業がいなくなった。

しかし、標準的なサーバーでは性能と消費電力が満足しないため、自分で半導体チップを設計し、コンピュータもEMS（電子機器の製造請負企業）に作らせて設置するようになった。サーバーの性能や消費電力を決めるものが半導体チップだからである。

3-7

ますます拡大する半導体産業

サプライチェーンに並ぶ各国の企業

これまで見てきたように**半導体製品を作るのに、設計から前工程製造、後工程製造、テストなどが必要で、しかもさまざまな国のさまざまな企業が関係している。**

米国や台湾に対して日本は、製造装置メーカーと材料メーカーが強いものの、ファブレスやファウンドリは全く弱い。**最近になってラピダスのようなファウンドリが出てきたこと、ソニーやルネサス、キオクシアのように世界と戦える企業が生き残り、成長し始めている。**

またファブレスでは、これまで特定のICユーザーからの要求に応える下請け的な企業が多く、大きくなれなかったが、**ソシオネクスト**のように世界でシェアを伸ばし始めてきた企業が出てきたことは心強い。

ちなみにソシオネクストは、日本の製造装置メーカーや材料メーカーと同様に海外の顧客開拓に成功し、不況だった2023年でさえ、1〜9月期の売上額がすでに前年の1〜12月期よりも上回っている。日本を代表するファブレスへの手ごたえを感じ始めている。

半導体もサプライチェーンもともに拡大する

サプライチェーンに関わる企業は国境を越えてきているが、**米中の政治的な対立がサプライチェーンの分断にまで影響を及ぼしてきた。**かといって、半導体産業から撤退することは愚の骨頂。毎年平均5〜6%だが着実に成長している産業はほかにないからだ。**半導体の応用は、家電などの民生から産業機器や医療機器、宇宙・航空、通信基地局、ウェアラブル機器など拡大が留まることを知らない。**

半導体市場のさらなる拡大は、2024年1月に開催されたCES2024での基調講演が象徴的だ。世界最大の化粧品メーカーであるロレアル（フランス）と小売業者のウォルマート（米国）のCEOがそれぞれ基調講演を行った。

特にロレアルのニコラ・イエロニムス氏は、「化粧品はテクノロジーを重視してきた産業であり、昔は肌に悪いかどうかを調べる技術から入った」と述べ、最近では生成AIやさまざまなデータを活用することや、髪の毛を染めるデバイスやヘアドライヤーなどに超音波や赤外線を使うなどITや半導体などのテクノロジーを駆使するようになったという。また、身体の不自由な方のためにハプティクス（触覚技術）のデバイスを開発し、自分で口紅をきれいに塗れるようにできた方の実例を紹介している。

今後はますますサプライチェーンも拡大するだろう。チップレットや2・5D／3Dなど先端パッケージング技術が登場してきたからだ。そのための標準化団体UCIeが登場し、従来機械設計のシミュレーションを手掛けてきたアンシスを米国のシノプシスが買収するなど、**電子の世界は機械の世界にも進出し始めている。**半導体産業はますます拡大していくことは間違いなかろう。

半導体産業の変遷――分業化の進化

以上、簡単にサプライチェーンを見てきたが、たくさんの企業が国境を越えてサプライチェーンを構成するようになったのは、**ムーアの法則**（IC製品1個に集積されるトランジスタ数が毎年2倍になる法則）**に従って半導体製品の高集積化が進んできたからだ。一つの製品**

の複雑度がますます増してきており、1社での分担範囲を超えているのが現状だ。

簡単に半導体産業の分業化の歴史を見てみよう。

図3－11（↓118ページ）は、半導体の分業体制が確立していく過程を示した。1960年代くらいまでは半導体メーカーがほぼ1社で全ての工程を担ってきた。1970年代から分業が進み始めていた。最初に始まったのは製造装置やテスターを請け負う産業が生まれた。そして、後工程の組み立て・パッケージのアセンブリ工程が別会社となったり、独立会社が生まれたりした。

ファブレス企業の誕生

1980年代までは半導体メーカーは設計と製造プロセスが一体となって行われていた。1980年代の終わりには半導体工場を建てるのにも資金が大きくなってきたため、工場を建てられない半導体企業も現れた。

彼らは半導体設計に特化し、**ファブレス企業**と呼ばれるようになった。ファブレス企業は製造をＩＤＭ（設計から製造まで請け負う半導体メーカー）に依頼していた。ほぼ同時に、製造だけを請け負うファウンドリＴＳＭＣが誕生した。設計するためのソフトウェアツー

図3-11 半導体産業は分業の歴史

半導体は水平分業が加速

IDM時代 ／ 水平分業時代

1960年代まで
設計
設計ツール
プロセス
製造装置
アセンブリ
テスト
テスター

1970~80年代（IDM時代）
設計
設計ツール
プロセス
アセンブリ
製造装置
テスター

1980~90年代（IDM時代）
設計
プロセス
設計ツール
アセンブリ
製造装置
テスター

1990~2000年代（水平分業時代）
設計のみ
ファブレス
設計ツール
製造のみ
ファウンドリ
OSAT
製造装置
テスター

2000~10年代（水平分業時代）
設計ブランド
ファブレス
デザインハウス
IPベンダー
設計ツール
ファウンドリ
OSAT
製造装置
テスター

2010年代以降（水平分業時代）
サービス企業
設計ブランド
ファブレス
デザインハウス
検証サービス
IPベンダー
設計ツール
ファウンドリ
OSAT
3DICサービス
製造装置
テスター
テスト解析
サービス
JTAGサービス

出典：著者作成

ル（ＥＤＡ：電子設計の自動化）だけを扱う企業も登場した。

１９９０年代はファウンドリが雨後のタケノコのごとく続々生まれた。筆者の知り合いの米国人ジャーナリストは、「スタートアップ・フィーバー」と呼んだ。当時は映画『サタデー・ナイト・フィーバー』が公開され、フィーバー（熱）という言葉が流行語になっていた。

ファブレスの設計の中には、アームのように半導体集積回路の中の一部の重要な回路だけを扱う企業も現れた。この一部の重要な回路をＩＰ（知的財産）と呼び、ＩＰをライセンス販売するビジネスが生まれた。

さらに２０１０年以降になると、分業化はさらに進み、設計コードが機能を正確に表しているか、コーディングのミスがないか、タイミングは要求された性能を満足しているか、など検証だけを扱う企業が生まれた。

さらに、チップとチップを3次元的に重ねてＩＣ間を貫通孔で接続するという3次元ＩＣを担う業者も生まれた。また、最新のパッケージに使われるハンダボールがプリント回路基板に全て正確に付いているかどうかをチェックするＪＴＡＧ（ジェイタグ）（Joint Test Action Group）検査を担う業者も出ている。

日本はＩＤＭにこだわりすぎた

半導体は水平分業の歴史でもあったが、日本の半導体業界はこのことをなかなか理解しようとしなかった。これは、日本が没落した理由の一つでもあった。

現在もＩＤＭを続けている世界の企業は、大量生産が必要なメモリメーカーと、アナログやパワー半導体を扱うメーカー、そしてロジックではインテルだけである。そのインテルもファウンドリ事業を数年前に始めている。**かつてＩＤＭだったほとんどの半導体メーカーはファブレスかファウンドリに分かれた。**メモリはＤＲＡＭにせよＮＡＮＤフラッシュにせよ、昔ながらの大量生産の製品だけに、設計というよりも製造が主体のビジネスといえる。インテルでさえも、７ｎｍ以下の超微細化技術となると外部（ＴＳＭＣ）に委託している製品もある。

またアナログとパワー製品は、製造プロセスと今も密接に関係しているだけではなく、デジタル製品と違い超微細化技術は必要ない。このため生産設備は、微細化するほどの高価なものはいらないため、工場を持ち自分で最適化して性能を上げる企業が多い。最先端の微細化技術で高周波ＩＣを設計すると性能がむしろ落ちるというシミュレーションさえ出ている。

日本のメーカーはＤＲＡＭという超汎用の大量生産製品（最盛期には１社で月産２０００万個以上も生産）で１９８０年代に成功した体験を持つため、システムＬＳＩという少量多品種製品へビジネスを切り替えた後も、微細化投資を止めなかった。**このため工場を長い間持ち続けたために利益率は減少し、赤字に転落した後も工場を手放すことに躊躇していた。このぐずぐずするという遅い経営判断が没落の象徴でもあった。**

水平分業の歴史は、大量生産から少量多品種生産への歴史でもあった。メモリだけはコンピュータ技術の拡大によって今でも需要が広がっており、大量生産を続けている。コンピュータ技術はこれまでも見てきたように、メインフレームからパソコンへのダウンサイジングだけではなく、組み込みシステムというあいまいな言い方の、コンピュータではないがコンピュータ技術を使うシステムが拡大してきたこともメモリ需要がなくならなかったことの理由でもある。

第4章

これだけは
押さえておきたい
「半導体」のこと

4-1 半導体はもともと材料の名前

半導体とは、そもそも**「半分導体」**という意味である。つまり、**導体と絶縁体の中間の性質を持つ。**導体は電気をよく流し、絶縁体はほとんど流さない。半導体はその中間に位置するから、そのように呼ばれている。これは、英語でもSemi-conductorといい、半分導体という意味を表している。

今では、半導体という言葉は、材料ではなく、半導体集積回路（ＩＣ）を指す言葉になっている。新聞やインターネットで使われている半導体は、ＩＣのことを指すことが多い。しかし、もともとの意味は、導体と絶縁体の中間の性質を持つ材料という意味である。

半導体という材料を研究していた19世紀から20世紀のはじめの研究者の間では、電気を流す導体と流さない絶縁体の中間なら、人間の意のままに電気を流したり止めたりできるデバイスができるのではないかという発想が生まれた。

トランジスタが電流を制御する

純粋なシリコンなどの半導体は絶縁体に近いため、ほとんど電流は流れない。半導体は、元素の周期律表で見る原子価の１価から７価までの元素のうちのちょうど真ん中にある４価の材料だ。シリコンやゲルマニウムは４価の元素であり、**プラスにもマイナスにもなりにくい**という特長がある。

原子価として中性の４価である半導体にわざと５価の元素をほんの少し混ぜてみると、電流がとても流れやすくなる。しかもよく観察すると電子が豊富に存在する。同様に３価の元素をわずかに入れても同様に電流が流れるが、電流は５価の元素を入れた場合と逆向きに流れることがわかった。

そこで、４価のシリコン（Ｓｉ）に５価のＰ（燐）やＡｓ（ヒ素）を１００万分の１パーセント程度入れて、電子が豊富な半導体を**ｎ型半導体**と名付けた。逆に３価のホウ素（Ｂ）を１万分の１パーセント程度混ぜた半導体を**ｐ型半導体**と名付けた。

ｎ型は電子というマイナスの電荷を持つ粒子が流れるため、Negativeという意味であり、ｐ型は電子の抜け殻（正孔）が動くように見えるためプラスの電荷を持つPositiveという意味で名付けられた。

そしてp型半導体とn型半導体を接合させ、p側にプラス、n側にマイナスの電池をつなぐと電流は流れるが、その逆につなぐと流れないことがわかった。そうすると、何らかの構造を工夫することによって、電流を流したり止めたりすることができるのではないかと昔の研究者は考えた。

そこで、**n側にプラス、p側にマイナスの電圧をかけて電流が流れない状態にして置き、その間に電流を流す蛇口のようなものを設ける構造として、p型半導体の真ん中に狭いn型領域を設ける構造**を考えていたのが、トランジスタを発明した米ベル研究所のウィリアム・ショックレイとジョン・バーディーン、ウォルター・ブラッテンの3人の研究者だった。

国防総省からもポスト真空管を要求

市場からの要求もあった。

半導体トランジスタが実用化される前までは、真空管で電子の流れを制御していた。

真空管は文字通り、ガラス管の中を真空にして、内部のヒーターを熱するとそこから多くの電子が飛び出してくることを利用した増幅器である。熱するほどたくさんの電子が流れるが消費電力も大きくなる。

また、真空管はガラスの内部を真空に引く構造で、外形も大きくなる。メーカーが一所懸命に真空ガラス容器を小さくしようとしても限度があった。何よりも致命的なのは、寿命が短いこと。細いヒーターを熱するため、ヒーターが途中でぷっつり切れることがよくあった。

また、電子式のコンピュータがほぼ同じころ実用化された。当時はもちろん、真空管が使われた。しかし2進法で動作するデジタルコンピュータには真空管が何千本も使われていた。このため、ヒーターが切れてしまった真空管をしょっちゅう交換していた。稼働時間よりも交換時間の方が長いとさえいわれた。

国防総省やベル研究所のような組織は、**真空管ではない固体の増幅器を作ってほしいとショックレイの研究室に要求してきた。この結果、生まれたものが半導体材料で作ったトランジスタ**である。実験の最初はゲルマニウム（Ｇｅ）が使われたが、70～80℃までしか耐えられず、すぐにシリコンに代わった。シリコンは１５０℃まで保証している製品はよくある。特殊用途では１７５℃さえ耐える製品もある。

図4-1　シリコン半導体の原料は砂

出典：Intel.Corp.

シリコンは
どこの国でも作れる

しかもシリコンは民主的な材料だ。**原料は砂からできているからだ。**地球上のどこにでもある。特定の国に集まる物質ではない。

シリコンバレーのコンピュータ博物館のインテルのブースには砂の絵とＩＣチップの絵が大きく飾られている。砂の中にはガラスと同じ、小粒の酸化シリコンが大量に含まれており、この砂を水素などで還元することで多結晶、さらに多結晶シリコンを精製して単結晶シリコンに仕上げる（図4－1）。

その純度は、99・99999999%として9が11個並ぶほどの高い純度が求められる。固体の中を電子が通る場所に不純物があると通り道を妨げられ、制御できなくなるからだ。

このシリコン結晶の中に電子回路を刻み込んだものがICであり、MOS（金属－酸化膜－半導体）と呼ばれるトランジスタ構造にすると集積化しやすくなり、今ではエヌビディアの生成AI向け次世代GPU（グラフィックプロセッシングユニット）チップ「Blackwell」には2080億個ものMOSトランジスタが集積されている。

固体の増幅器、固体スイッチがトランジスタ

ベル研究所の3人の研究者がゲルマニウム半導体を使ってトランジスタを発明したのは1947年12月だった。電子式のコンピュータENIACの研究もほぼ同じころ1946年にペンシルベニア大学で開発されていた。

電子式のコンピュータは真空管を何千本も使って、電流のオンオフを行い1と0を表現していた。コンピュータは数字の1と0しか使わない二進法を基本としていた。この二進法のことをデジタルと呼ぶ。

コンピュータにもシリコントランジスタが使われるようになってからコンピュータは著しく進化した。固体（Solid state）のトランジスタは、ヒーターを持たないため切れる心配がない。その信頼性と寿命は著しく向上した。

結晶シリコンは大根のような円筒状の形をしており、まるで大根を薄くスライスするように、**結晶をスライスしたものがウェーハ**である。このシリコン結晶ウェーハにトランジスタを形成していく。最後に各トランジスタを一つずつその淵をカットし分離する。分離された1個のトランジスタ部分を**チップ**と呼ぶ。トランジスタの小さな3つの端子（コレクタ、ベース、エミッタ）を外部のリード線に接続し、最後にモールド樹脂でトランジスタを保護する。

ウェーハ上に形成した各トランジスタをつなぎ合わせると電子回路ができる。ウェーハ上にはトランジスタがアレイ状に並んでいるため、二つのトランジスタを配線でつないで増幅器を作ることは自然の道だった。このことからすぐ後に集積回路（IC）へと発展した。

集積回路への発展

集積回路は、一つのウェーハ基板上にトランジスタ同士を配線でつなぐことで生まれた。その結果、アナログ回路もデジタル回路も容易にできた。

増幅回路（アンプ）は、トランジスタができた時点で、入力のベース電流を流すと、出力にはベース電流よりも大きなコレクタ電流を流すことができたため、そのまま増幅器として使えた。

コンピュータが発展していなかった1960〜70年代はアナログIC全盛だった。そして日本の総合電機会社、特にソニーが他社に先駆けて、アナログICを使ってラジオを発売した。そしてラジオからテレビ、ラジカセ、ビデオなど電子製品に採用してきた。

電子回路は、増幅器だけではなく、電波を発する発振器や、二つのデータを比較する比較器などいろいろな機能をトランジスタの組み合わせで実現できた。さらに良いことに、トランジスタ同士をプリント回路基板上に形成する配線で結ぶよりも、シリコンチップ上で最初からつなぎ合わされている方が途中での断線の心配がなく信頼性を向上させた。

図4-2 デジタル回路でのANDとORの例

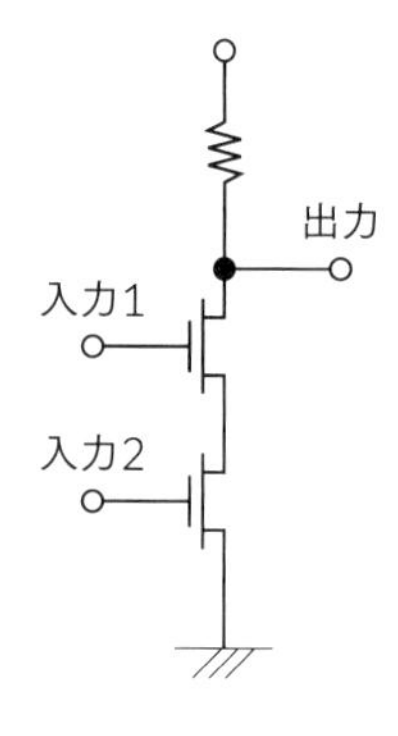

AND (NAND)

入力 1	入力 2	出力
0	0	1
1	0	1
0	1	1
1	1	0

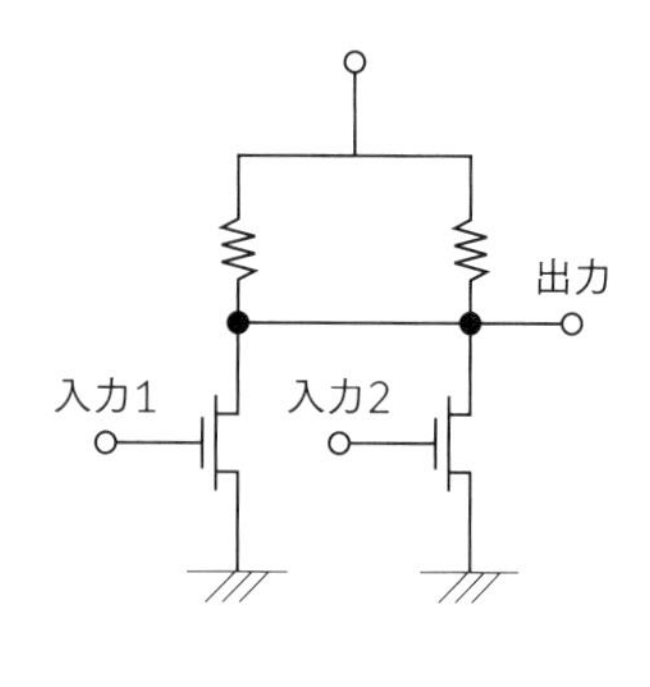

OR (NOR)

入力 1	入力 2	出力
0	0	1
1	0	0
0	1	0
0	0	0

加えて、データ信号の伝達時間が縮まるため、性能が向上するとともに、配線上を伝わるための電力の消費も少なくなるという良いことづくめになった。このためトランジスタを多数集積するという集積化技術の流れは今でも続いている。

一方のデジタル回路ではトランジスタは１と０を表現するスイッチとして使われた。**電圧が高い・低い、あるいは電流を流す・流さないという２つの状態を１と０に対応させた。**例えば、２つのトランジスタを直列に接続するとＡＮＤ回路、並列に接続するとＯＲ回路ができる（図４－２）。

また、デジタル回路では、否定（ＮＯＴ）も表現できる。入力が１なら出力は必ず０、入力が０なら出力は１となる状態のことだ。こういったＡＮＤやＯＲ、ＮＯＴなどの表現をいろいろ組み合わせることで、論理状態を表現できる。こういったデジタル回路は主に米国でのコンピュータ用途で進展した。

そうすると、アナログＩＣをうまく使ってアナログからデジタルへ変換するＩＣ（Ａ－Ｄコンバータ）や、その逆のＤ－ＡコンバータというＩＣをはじめ、データを送りだしたり受け取ったりする送受信回路ＩＣもできる。デジタル化への技術は米国において盛んに開発された。

図4-3　npnバイポーラトランジスタとnチャンネルMOSトランジスタの断面図

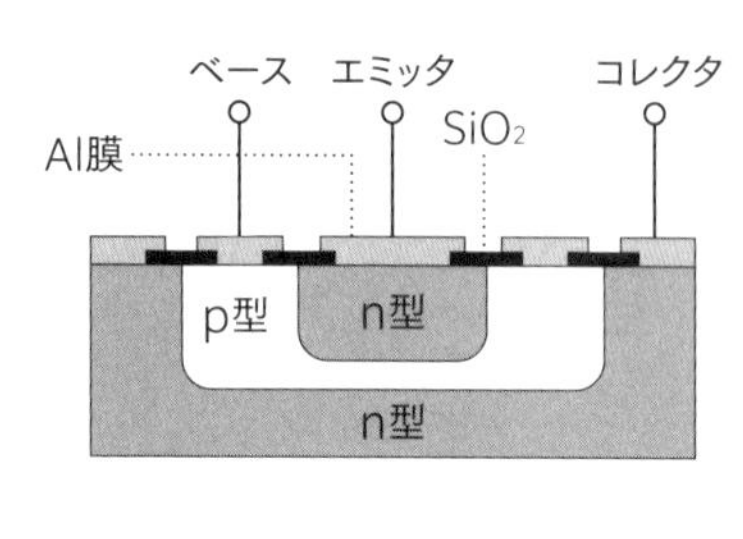

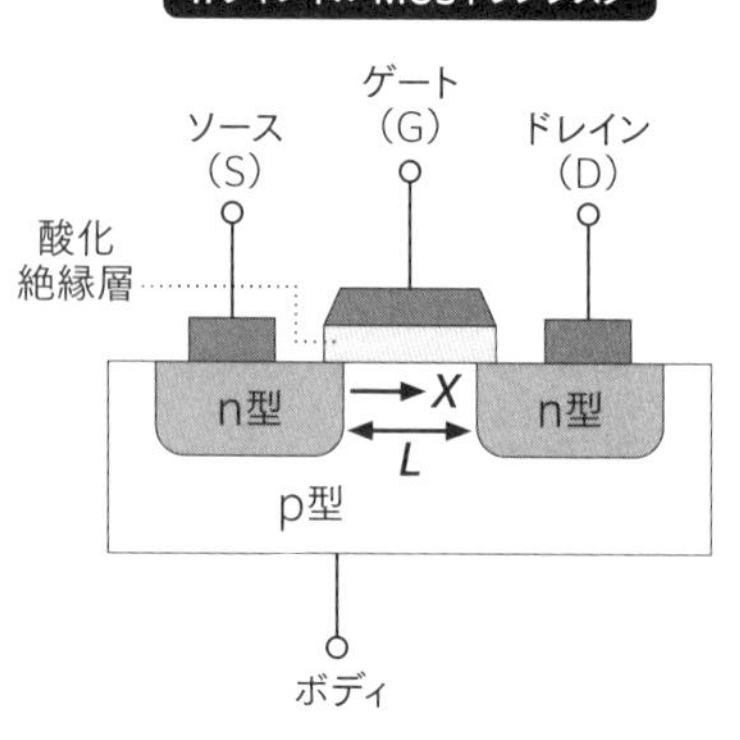

集積化にはＭＯＳ型が有利

集積化が進むと、今度は集積化しやすいトランジスタ構造が用いられるようになった。これがＭＯＳトランジスタと呼ばれる構造である。**従来のトランジスタは、ｐｎｐ型あるいはｎｐｎ型と呼ばれる構造を使っており、ＭＯＳ型に対してバイポーラトランジスタと呼ばれるようになった。**

バイポーラ型では、ｐ型ベース領域を広くとって、その中にエミッタ領域を形成しなければならなかった。そうすると電極端子を表面上からとらなくてはならないため、面積的にはどうしても広くならざるを得ない（図４－３）。これに対して、ＭＯＳ型は狭いドレインとソースのn型領域とゲート領域をできる限り小さく作ればよいため、面積的な制限は少ない。

加えて、トランジスタを多数集積する場合には、MOSトランジスタは分厚い酸化物や別の接合（例えばp型）で分離するだけで済むが、バイポーラ型ではコレクタ領域を他のトランジスタのコレクタとも分離するため、接合（p領域）や酸化物を設けるなどしなければならず、1個のトランジスタの面積がどうしてもMOS型よりも広くなってしまった。このため集積回路ではバイポーラ型は、MOS型に取って代わられた。

実は図4－2のAND（NAND）とOR（NOR）回路はMOSトランジスタで表しているが、このロジックでは、1か0の時には必ず電流が流れていた。このため集積度を上げると、消費電力が大きくなった。高速のECL（エミッタ結合論理）と呼ばれるバイポーラの論理回路では、電流の流れる道を変えることで1と0を表していたため、1でも0でも電流が流れていた。

これに対して、**1でも0でも電流は流れずに1と0を表現できるロジック回路がCMOS（シーモス）（相補型MOS）**である（図4－4↓036ページ）。現在、ロジックといえばほとんどがCMOS回路で構成されている。

図4－4では、Vinが低レベル（0ボルト）の時は上のpチャンネルMOSトランジス

図4-4 CMOSの基本回路

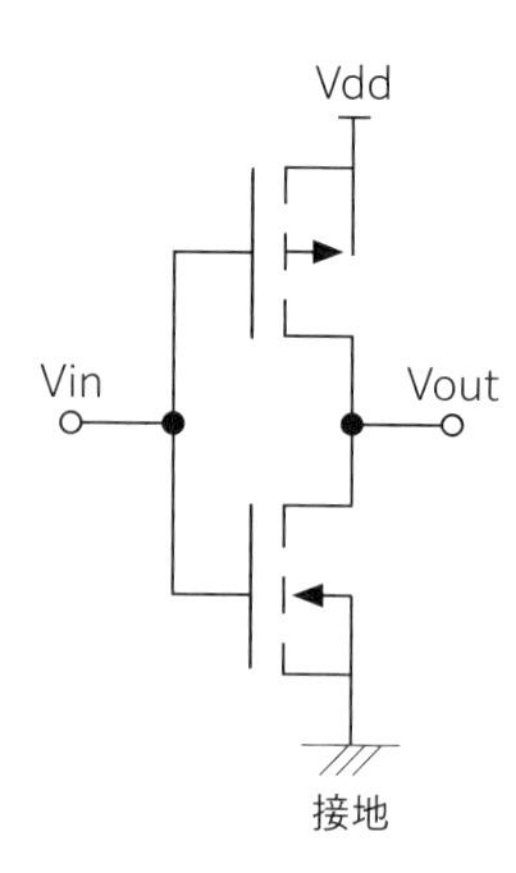

タだけ電流が流れ、Voutは高レベルのまま。Vinが高レベルの時は下のnチャンネルMOSトランジスタだけに電流が流れ出力Voutは低レベル（0ボルト）になる。つまり、1でも0でも電流は流れない。ただし、1から0へ、0から1へ遷移するときだけ過渡的に電流が流れる。1と0を切り替える頻度が高ければ高いほど、消費電流がたくさん流れることになる。すなわちCMOS ICは動作周波数が増加するとともに電流が多く流れるのだ。

今のところCMOSほど消費電力の低いロジック回路はないため、この先もずっと使われるだろうと見られている。

マイクロプロセッサとメモリの発明

ＩＣの集積度が上がるにつれ、ＩＣのカスタム化が進み、顧客ごとに作られるものが多かった。このため手間がかかり、半導体メーカーとしては大量に買ってくれる顧客が望ましかった。その典型例が電卓用のＩＣだった。１９６０年代後半から電卓が登場し、それも手のひらサイズに小型化してきた。こうなるとＩＣが威力を発揮する。

しかし、電卓メーカーごとにＩＣを設計し直す必要があった。電卓もまた、単なる四則演算の単純な製品から、関数電卓と呼ばれる製品まであったため、それぞれの用途向けにＩＣの種類がたくさん必要だった。

そこで、インテルは、個別の顧客ごとに電卓を作らずに、コンピュータ方式で作ろうと考えた。コンピュータは、日本では計算機と訳され、計算する機械と考える人は多い。しかし、最初にコンピュータの概念を考えた英国の数学者アラン・チューリングは、**基盤となるハードウェアを作り、プログラムを変えると別の仕事をする機械を作ろうと考えた。これがコンピュータである。**

つまり、基盤となるハードウェアという機械に、プログラムとなるソフトウェアを組み合わせた機械がコンピュータなのだ。このため計算するだけではなく、業務をプログラム通り振り分けたり、優先順位を付けたりする「制御」という仕事も行う。例えば通常私たちがパソコンのソフトで文字を入力している作業は、コンピュータの計算ではなく制御という機能を主に使っている。

インテルは、コンピュータ方式の電卓ICをマイクロプロセッサと名付け、その処理に欠かせないメモリも一緒に発明した。ソフトウェアを変えるだけで、A社向け電卓、B社向け電卓に向けたICとすることができた。

コンピュータの広がりと半導体

4ビットのマイクロプロセッサが発明された1971年には、コンピュータエンジニアは、インテルの4ビットマイクロプロセッサをコンピュータの「おもちゃ」と表現した。それにめげず、インテルはマイクロプロセッサの能力を上げることにまい進した。

4ビット、8ビットから16ビットへと進展すると、コンピュータエンジニアたちもインテルのチップをまじめに考え直した。さらに**32ビットプロセッサが開発されると、彼らは集積度の低いICを寄せ集めて作るCPUボードよりもインテルチップをCPUと**

して使う方が安く小型で、しかも使いやすいと考え、自らＣＰＵボードを開発することを止めた。

一方でコンピュータは、汎用大型のメインフレームからもっと規模の小さなミニコンやオフィスコンピュータ（オフコン）、ワークステーションなどのダウンサイジングが進んでいった。これは、いつでも使えるコンピュータを要求するユーザーが増えてきたことによる。

かつてのメインフレームの性能は最高だったが、エンジニアなどが自分でプログラムを書いてプログラマーに依頼しにいくと、受け取られた後、「3～4日後に処理します」と言われることが常だった。つまりメインフレームには待ち時間という概念があった。このため、**性能がメインフレームほど高くなくても、すぐに使える価格帯のコンピュータが欲しいというユーザーの声が高まり、ダウンサイジングの動きが起きた。最終的にパーソナルコンピュータ（パソコン）へと流れた。**残念ながら日本はこの動きを無視して最先端コンピュータの開発へと進んでいった結果、世界の動きから外れた浮いた国となった。

ダウンサイジングは、コンピュータを身近なものに変えた。それもパソコンからさらに小さなスマートフォンやタブレットに代わった。スマホは携帯電話の機能もあるが、むしろ今や小型コンピュータである。アプリ（アプリケーションソフトウェア）を取り替えるとさまざまな機能を実現できるからだ。現在のｉＰａｄの処理性能は、１９８０年代のスーパーコンピュータよりも高いといわれている。

半導体はＩＴとともに進展した

マイクロプロセッサとメモリの発明は、半導体の進展にも大きな影響を与えた。これまで見てきたコンピュータそのものの小型化だけではなく、さまざまな製品に入り込んできているからだ。ソフトウェアを変えるだけでさまざまな機能を追加できるとなると、マイクロプロセッサとメモリさえあれば、あらゆるマシンに入り込めることを示唆している。

例えば、マイクロプロセッサとメモリ、さらに周辺回路までもひとつのチップに集積させたマイコン（マイクロコントローラ）という製品がある。性能はそれほど高くはないが、安いうえにプログラムを書ければ誰でも簡単にデジタル制御回路を安く実現できる。

筆者は、25年以上にわたり毎年12月には家の周りをクリスマスイルミネーションで飾っていた。標準ロジックとよばれるＩＣを秋葉原で買ってきて、いろいろと点滅させるデジタル制御回路を自作してきた。しかしＩＣや抵抗、コンデンサなどの受動部品を買って作るよりも、安いマイコンでプログラムする方が安く短期間で作ることができたため、がっかりした覚えがある。

マイコンは電気洗濯機や掃除機、冷蔵庫、電気炊飯器などありとあらゆる家電製品にも使われるようになってきた。それは計算性能ではなく、さまざまな機能をソフトウェアによって取り付けられるからだ。例えば、おいしいご飯は今や誰が炊いても作れるのは、炊飯器のマイコンが、おいしいご飯を炊く手順をプログラムしているからだ。

もっと高度な半導体では、エヌビディアが得意なＡＩ機能や高度な数値演算シミュレーション機能などを実現できる。また、コンピュータを大量に並べたデータセンターなどでは、天気予報やそれを可視化するソフトウェアを流して一目でわかるような情報を提供してくれる。

自動車でも、自動運転や事故を起こさないクルマ造りにはＡＩやコンピュータ機能が欠かせなくなる。また、リチウムイオン電池を守る半導体ＩＣもある。もちろん電気自動車ではエンジンとなるモーター制御用の半導体やバッテリに充電するＩＣ、電源用のＩＣなど多種多様なＩＣをクルマは必要としている。

これらの例だけではなく、**マイクロプロセッサとメモリは、カメラやプリンタ、ゲー**

ム機、エアコンなどの民生機器から宇宙航空分野、通信分野、医療分野などもっとさまざまな分野に使われるようになった。

そして、コンピュータではないのにコンピュータと同じ仕組みのシステムを**組み込みシステム**と呼んでおり、組み込みシステムは拡大している。このためソフトウェアを開発する企業も必要となり、半導体ＩＣを使う業務はますます広がっている。

4-2 半導体の設計工程

半導体製品の開発は、一般的な製造業と同様、設計から始まる。特に集積度の高いIC（集積回路）は、チップの上から回路を見ても大変複雑である。写真のインテルのチップは、シリコンチップ上に数十億個のトランジスタが集積されており、もはや1個のトランジスタを肉眼どころか光学顕微鏡でさえ見ることができない。観察するには電子顕微鏡の世界になる。

1個のトランジスタから数十億個ものトランジスタを集積する設計図はどうやって描くのだろうか。集積度が低い時代は、ほとんど人手で設計していた。トランジスタ1個は、例えばCMOSトランジスタは図4－5（↓145ページ）のように、上から見た平面図（上）と断面図（下）で書いていた。上の平面図が、1個のMOSトランジスタを表している。シリコン基板に、n領域、p領域、絶縁領域、メタル領域などを形成し、トランジスタを作製する。

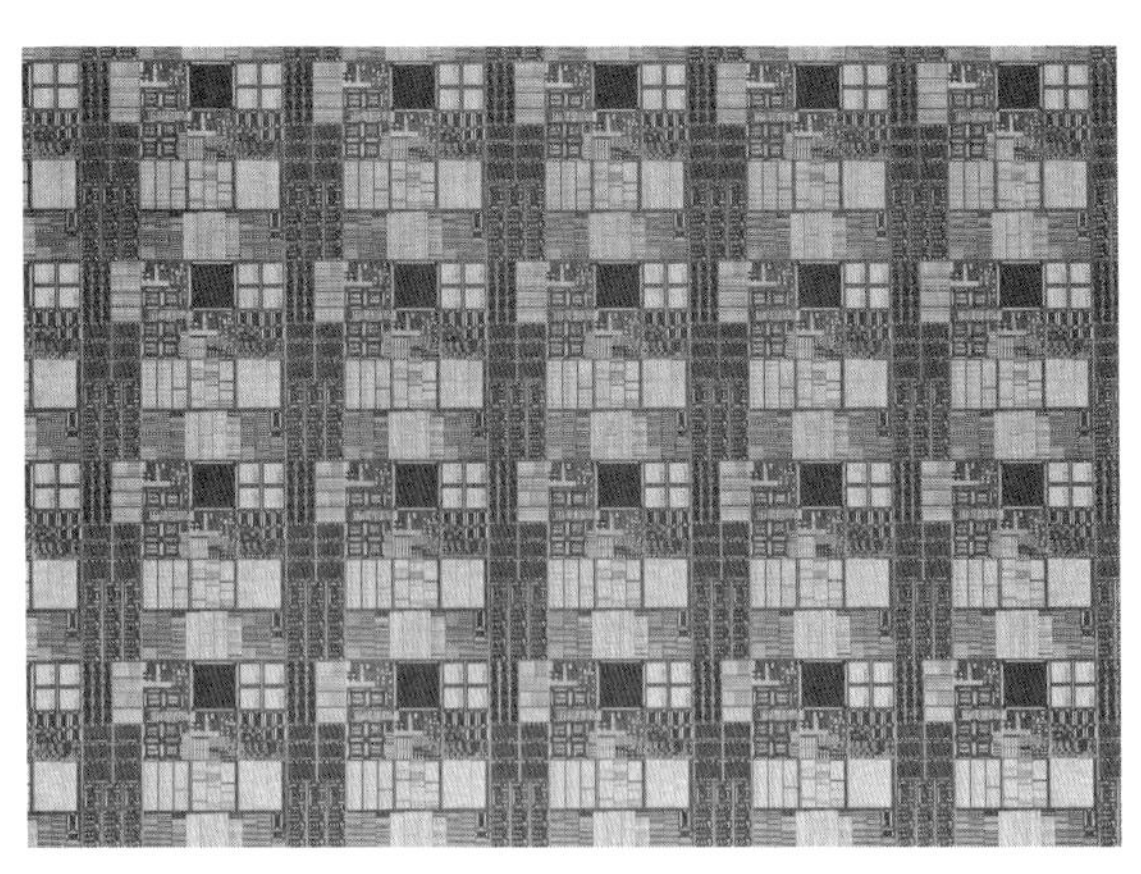

最も複雑な半導体チップは大都市を上空から見たような模様である。

図4－5のCMOSトランジスタのパターン図が写真のチップの中に含まれるのだが、肉眼では見えない。このように**複雑な回路を設計するためには、集積回路をトランジスタからデジタル論理回路、論理記述へと次第に抽象的なレベルに上げていく。**トランジスタをつなぎ合わせて回路を組み立てていくわけにはいかないほど複雑だからである。

そこで、上位の抽象的な論理記述から設計を始めていく。IC設計は図4－6のように、抽象的な設計から次第に回路、トランジスタへと展開していく。

図4-5 nチャンネルMOSトランジスタとpチャンネルMOSトランジスタ

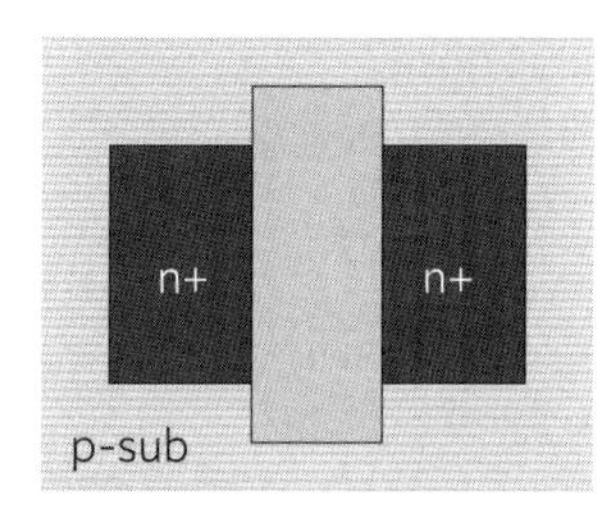

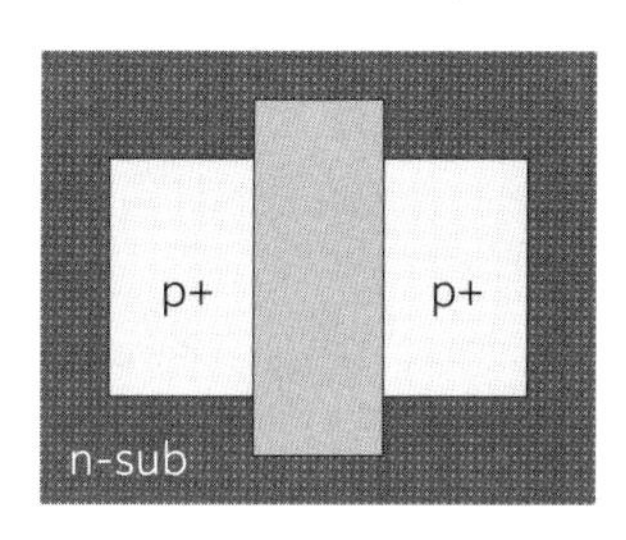

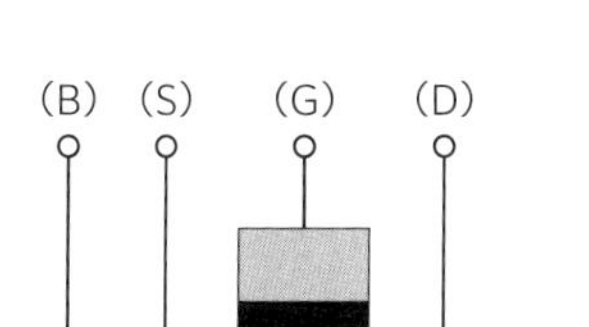

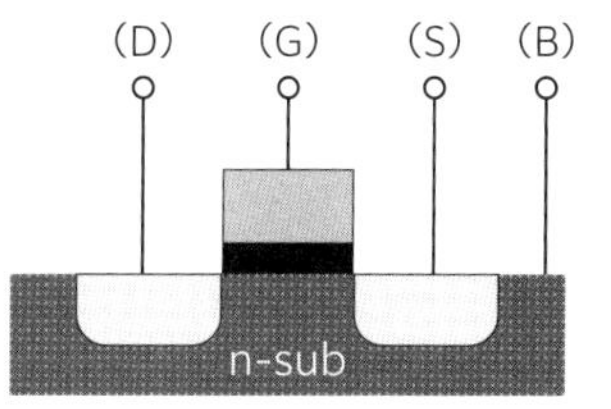

図4-6 デジタルICの設計手順

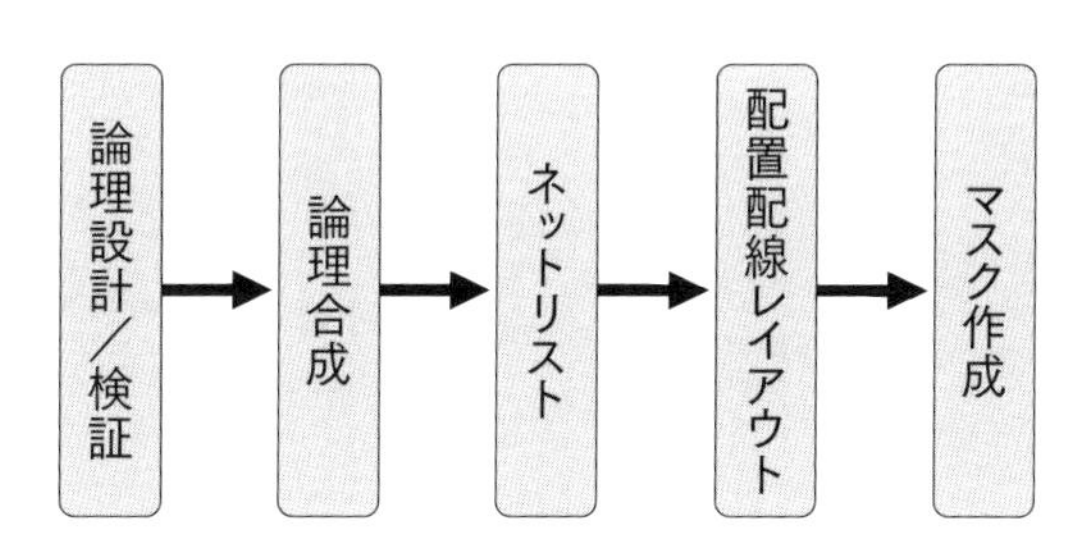

設計は論理設計からスタート

ここで使われる手法が、コンピュータ高級言語（ハードウェア記述言語）を使って、機能を記述していく方法である。HDL（Hardware Description Language）やVerilogと呼ばれるコンピュータ言語を使って機能を記述していく。ここでは回路の知識はさほど必要なく、あくまでもコードを書いていくだけの世界となる。記述したプログラミングは**RTL**(Register Transfer Level)と呼ばれる形式で出力される。RTLは論理回路を表現する。半導体チップはデジタルの論理回路で表現されるためだ。

出力されたデータはプログラミングのミスがないかどうかバグを検出し修正する作業や、機能記述が適切かどうかの検証作業がある。このためRTLは、その後の工程につながる論理合成作業と、検証するためのシミュレーション作業の両方に使われる。もちろん、この段階ではまだ実際の回路になっていない。

RTLは、単なる論理情報を記述しただけなので、論理合成ソフトウェアを使って自動的に回路の接続に関する物理情報（コード）であるネットリストに展開する。ネットリストは単なるコードであるが、回路図のシンボルをコードに当てはめることで回路図を作成する。論理合成ソフトウェアはＲＴＬから回路図を自動的に合成してくれるという強力なツールである。

ネットリストで回路情報まで得られたら、今度は論理回路の配置レイアウトと配線作業がある。ここももちろん、人手ではなく自動的にＣＡＤ（キャド）（Computer Aided Design）で行う。**ＩＣには、レジスタをはじめフリップフロップなどさまざまな論理回路で構成されている。それらをどのように配置するかによって性能や消費電力が大きく左右される。**

回路ブロックが離れすぎていれば配線が長くなり、遅延が起こって一つのブロックには信号が届いても他のブロックには届かない、といったタイミング上の問題が起きることがある。また信号配線の配置によってはクロストークが起き、誤動作につながったり、思いもしなかった場所に寄生容量やインダクタンスがあって遅延が起きたりすることもある。

このため**タイミングが要求通りに合っているかどうかのシミュレーション検証と最適化が必要になる。**ここでも自動レイアウトツールがある。このツールには、あらかじめマクロセルライブラリを用意しておく必要がある。フリップフロップやＡＮＤ、ＯＲなどの論理セルだけではなく、ＲＡＭやＲＯＭなどのメガセルを準備する。さらにレイアウト上で守らなければならない配線幅や配線間隔などの設計ルールという制約を加えておく。

自動レイアウトツールには配線も可能になっているため、タイミングで遅延が許容範囲かどうかの検証作業もある。最終的に論理接続情報やタイミングが満足されれば完成としてマスク情報に変換する。マスク情報はGDS-Ⅱというフォーマットで出力することでマスクメーカーに提供する。マスクメーカーはフォトマスクを出力し、ファウンドリやＩＣ工場に手渡す。以上が設計工程である。

4-3 半導体の製造工程

製造工程はリソグラフィ技術を用いる

製造では、設計側が作成したフォトマスクのデータを基に回路パターンを形成していく。例えば、図４－５（↓145ページ）の下の断面図にあるように、ｎチャンネルＭＯＳトランジスタを構成する場合、最初にゲート酸化膜をウェーハ一面に形成、その上にポリシリコンゲートを形成し、ポリシリコンとゲート絶縁膜を上の図にあるようにカットしてパターンを作成する。

文章で書くと簡単だが、生のシリコンウェーハを最初に酸化する場合には、まず表面をきれいに洗浄し、乾燥した上で、酸化炉に入れて酸素を流しながら高温でシリコンを酸化させる。この工程だけでも、洗浄↓乾燥↓酸化という3つの工程を通る。その後、ポリシリコンを成長させる場合はＣＶＤ法で形成するが（図４－７の最も上の図↓150ペー

図4-7 MOSトランジスタの工程の一部 多結晶シリコンゲートのパターン形成まで

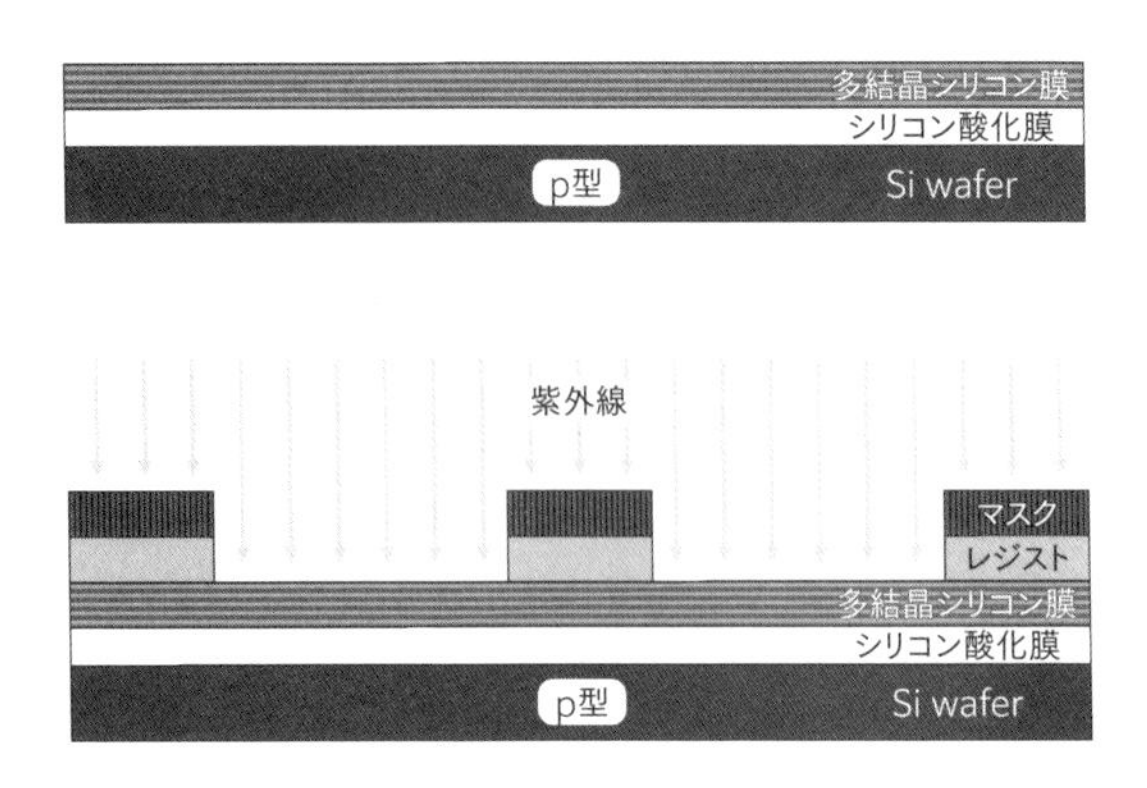

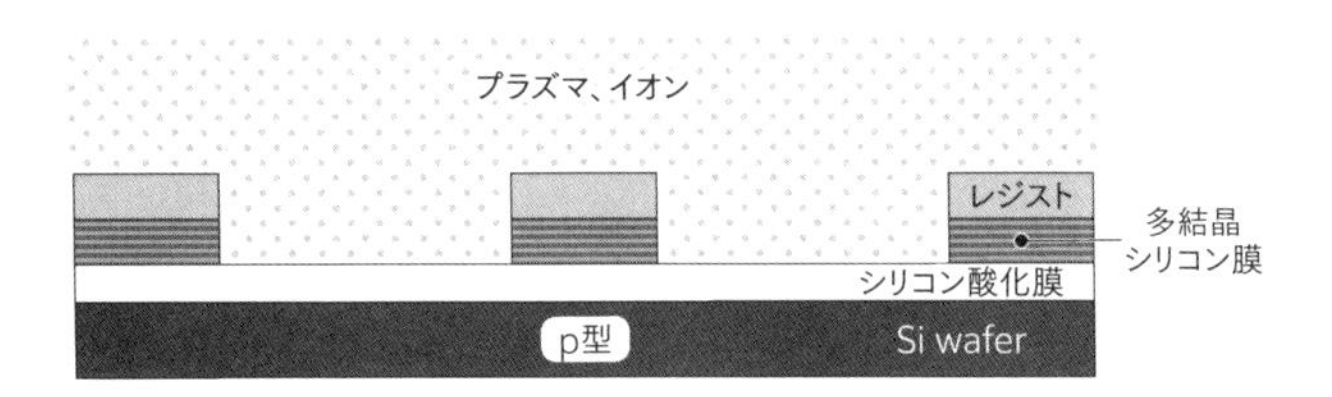

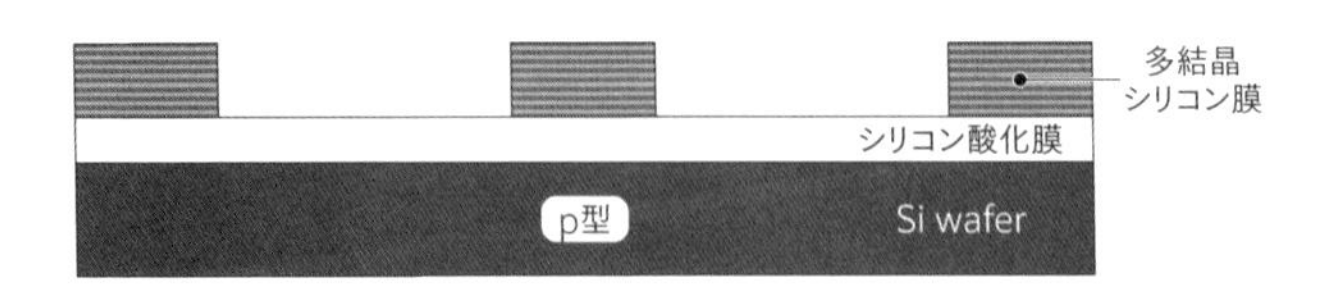

ジ）、これも酸化と同様に洗浄→乾燥→ＣＶＤ炉に入れる、という工程を通る。
その後、ゲートとなるポリシリコンのパターンを図４－５（→１４５ページ）のように加工する。ここで**リソグラフィ技術**を使う。

リソグラフィ工程では、洗浄→乾燥を経た後、レジストを塗布する。フォトレジストは粘度の高い液体なので、ベークして焼き固める。さもないとその上に載せるマスクにべっとりついてしまう。

フォトレジストをベークした後、イエロールームで紫外線をマスクの上から照射する。フォトマスクはガラス基板の上にクロムという金属膜で回路パターンが描かれている。フォトレジストは光が当たった部分（クロム金属がない部分）が反応し現像液で溶けてしまうが、光が当たらなかった部分は溶けずに残るため、図４－７の上から2番目の図のようになる。ただし、その逆のレジストもある。

このリソグラフィ工程も、洗浄→乾燥→レジスト塗布→プリベーク→紫外線露光→現像→ポストベークまで経た後に、ポリシリコン膜をプラズマエッチングする。この場合は、フォトレジストが残っている部分の下のポリシリコンはエッチングされずに残る（図４－7の3番目の図）。ポリシリコンのエッチング後はレジストをプラズマ炉に入れて除去し、ポリシリコンのパターンが形成される（図４－７の4番目の図）。この後の処理でも、洗浄→乾燥という工程を通る。

以上、見てきたように回路パターンをシリコン上に焼き付けるにはかなりの工程を重ねる必要がある。ポリシリコンのパターンを描くだけでもかなりの多くの工程を経る。この後はソースとドレインの領域を形成するためのヒ素のイオン注入、アニール、電極形成などの工程を経てトランジスタ1個の工程が終わる。

実際のICでは、トランジスタ同士を分離するための絶縁膜を形成しなければならない。加えて、ドレインやソースの領域形成や、配線形成、それも10層程度の多層配線も加わる。最先端のICプロセスとなると、MOSトランジスタが上のようなプレーナ型（平面）ではなく、FinFETと呼ばれる3次元構造を形成しなければならないため、工程はもっと複雑になる。このため**マスク数は数十枚にも上り、リソグラフィ工程をマスクの数だけ処理しなければならない。ウェーハ投入からICの完成まで1カ月半〜2カ月くらいかかる。**

組立工程を経て製品の形に

ウェーハが完成すると、次はいわゆる**後工程と呼ばれるアセンブリ組立工程**に入る。

この組立工程では、最初にダイシングという工程を経て、チップ1個ずつに切り分ける。そして切り取った1個のチップをプラスチックパッケージに封止して外部の湿気やゴミなどからシリコンチップを守らなければならない。同時に、ＩＣのリード線を使いやすい大きさに取り付けていく。

この後工程では、**チップに切り分けた後、トレイに並べてピック&プレイスという実装機に載せて、リードフレームと呼ばれる金属板か、小さなプリント回路基板に取り付ける。**ＩＣにリード線がついている場合と、端子となる金属部分がハンダボールの形になっている場合がある。話を簡単にするため、リードフレームの薄い金属板に取り付ける場合を紹介しよう。

マウント工程では、チップを真空チャックで吸い上げ、リードフレームと呼ばれる金属板をヒーターの上に載せ、熱した板の上にチップを接着する。リードフレームにはＩＣの外部端子となる金属が加工されており、その中心部分にチップが載っている。

その次はワイヤーボンディング工程に移る。ここでは、ＩＣチップ上には外部接続用の金属パッドが設けられており、その部分に熱圧着で直径が50ミクロン程度の細いワイヤーでパッドと、リードフレーム上の端子部分をつないでいく。

外部端子となるべきリードフレーム上にチップとワイヤーがつながれたら、チップの部分をスッポリと覆うように樹脂で封止する。ここでは、高温で溶かした樹脂を型に流し込み、圧力をかけてＩＣチップの部分に到達させる。

最後にリードフレームのリード線となるべき金属を折り曲げ、ＩＣとして完成する。この間、モールドで樹脂を流し込んだ時の無駄となるバリを取ったり、外観に傷がないかを調べたりして、問題なければ製品名を捺印する。

完成したＩＣは最終的にテストする。これまでの間、ウェーハ処理の工程の中でもテストを行い、正常に加工されているかどうかをサンプリングしてチェックしている。ウェーハ完成後にもテストを行い、ここで不良品と判定されれば、組み立て工程に回さない。**できるだけ、工程の前の部分での検査を厳しく行い、良品だけを最後まで処理していくという考え方で、無駄を省く。**

ＩＣになってからは電気的な特性やロジックが正常かどうかのテストを行い、設計通りのロジックが得られているかどうか、さらに動作タイミングに異常がないか、さまざまな１、０のパルス波形をテストパターンとして組み合わせた論理をチェックする。最終的に正常と判断されたものだけが出荷される。

第5章

これだけは
押さえておきたい
「半導体産業」の
歴史

5-1

半導体産業の発展形態

半導体産業と「コンピュータ」「通信」の関わりと進展

前章で一部紹介したが、米国で生まれた半導体トランジスタは、まずコンピュータに使われ一緒に発展してきた。日本ではソニーがその成長性に注目、トランジスタをラジオに応用し、トランジスタラジオは超小型ラジオという意味を含むようになった。ソニーに続けといわんばかりに総合電機企業がテレビや家電に応用し、その後、通信用、産業用へと広がっていった。

米国では半導体トランジスタは、コンピュータの集積回路に使われ、計測器や通信、自動車など産業向けにも適用された。基本的な流れはコンピュータとともに発展してきた。

現在のＩＴ化、デジタル化では、コンピュータと通信と半導体が完全に基本要素となっ

図5-1 半導体、コンピュータ、通信の歴史

1950年代	1960年代	1970年代	1980年代	1990年代	2000年代	2010年代	2020年代
							新アーキテクチャ時代
			PCの勃興	PC成長	インターネット成長	インターネットサービス	クラウド+ネットサービス+エッジAI
		メインフレーム全盛	DRAM隆盛	MPU性能がミニコンを超える	マルチコア、Arm採用、周波数飽和	ビッグデータ/クラウド	ハード/ソフト融合、セキュリティエッジAI
	IBM 360	MPUとメモリの発明	有線、無線のデジタル通信	データ速度加速	Broadband Mobile Wireless	デジタル通信高速	5G時代ローカル5G無線全盛へ
	ICの発明	デジタル通信勃興期				センサ知能化	半導体がシステムのカギ
三つの発明の勃興期	アナログ電話機						AIチップ/IoT/自律

コンピュータ　半導体　通信　ITサービス

出典：著者作成

ており、これらは切り離せない存在となっている（図5－1↓157ページ）。ＩＴ化で出遅れた日本は、これら3つの基本要素をいまだに重要と考えない企業もあり、ＩＴ化、デジタル化での遅れが心配になる。ここでは「コンピュータ」「通信」「半導体」の歴史と、これら3つの要素の絡み合いを紹介する。

すべては75年以上前に始まった

半導体トランジスタは、1947年12月に米ベル研究所のウィリアム・ショックレイが出張中の間に、部下のジョン・バーディーン、ウォルター・ブラッテンがゲルマニウムでトランジスタの増幅作用を発見した。これが最初のトランジスタ動作だった。

ここに人間ドラマがある。ショックレイは、この歴史的なｐｎｐトランジスタによる増幅動作の観測に立ち会えなかった。ショックレイは悔しくて仕方なかった。部下が見つけた固体増幅器は点接触トランジスタと呼ばれ、試作はできたものの工業的に何千個、何万個作るには向かなかった。

そこで、ショックレイは、工業的に実現しやすい接合型トランジスタの概念を考え抜いて生み出し、さらに実験を重ね、接合型トランジスタを発明した。これはショックレ

AT&Tベル研究所（現在ノキア）入口にあったクロード・シャノンの銅像
撮影筆者

イの執念でもあった。そして１９５６年に３人はトランジスタの発明でノーベル賞を受賞した。

　コンピュータの世界では、ジョン・エッカートとジョン・モークリー両氏が**電子式のコンピュータ**を発明したのが、トランジスタが発明される少し前の１９４６年。さらにベル研にいたクロード・シャノン（写真）が**デジタル通信理論**を発表したのは１９４８年である。

　つまり、「コンピュータ」と「通信」と「半導体」というＩＴの基本技術が、第２次世界大戦が終わった１９４５年から１９４８年までのわずか３年間に出揃ったのである。約75年以上前のことだ。

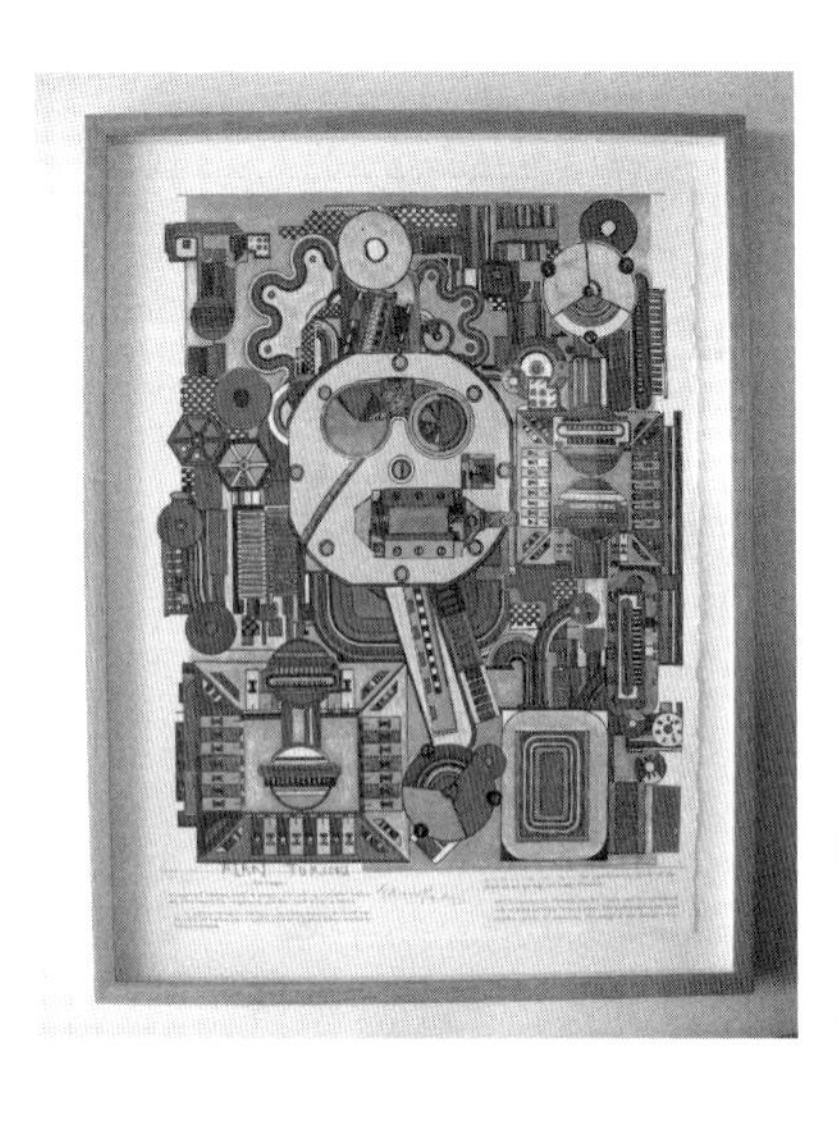

アラン・チューリングが描いた絵。下の方にサインを残している。英エディンバラ大学
撮影筆者

デジタルもアナログもトランジスタで構成

電子式コンピュータは、命令とデータをメモリに格納し、命令通りにメモリからデータを取り出し組み合わせて演算するマシンであり、その概念そのものは、第2次世界大戦中ドイツ軍の暗号を解くために英国秘密部隊に配属されたアラン・チューリングが生み出した（写真）。

数学者のジョン・フォン・ノイマンは、アラン・チューリングより少し以前に電子式コンピュータの概念を発表していたが、アラン・チューリングの論文の方がより詳細だったといわれている。マシンを現実に試作したのは、エッカートとモークリー両氏であった。

半導体トランジスタは、電流のオン・オフのスイッチング動作を簡単に行わせることができるため、2進数をベースとするデジタル回路に向いていた。しかも増幅作用ができるため、信号はほとんど減衰することなく回路基板上を伝わっていける。このため、ANDやOR、EX-OR、NOTなどの論理演算を行わせることを目的として、トランジスタを組み合わせた**標準ロジックIC**が誕生した。**半導体トランジスタは次第にデジタル回路を使うコンピュータに搭載されるようになり、集積化が始まった。**

一方で、増幅作用を生かしてアナログ回路にも使われ始めた。ソニーが開発したトランジスタラジオは、逆に米国をあっと驚かせた。

それまでの真空管式ラジオは、直流250～300V程度の高電圧が必要で、交流100Vの商用電源からトランスなどで交流電圧を上げ、整流器を通して直流を作り出していたため、大型で重かった。現在の電子レンジ程度の大きさのものが多かった。一方、ソニーのトランジスタラジオは軽く、電池でも動作し、持ち運べるラジオになった。**米国では、半導体トランジスタでデジタル論理ICを作り、コンピュータを作っていた。**

1970年代くらいまではIBMが半導体を大量に社内で消費する企業であった。IBMは半導体チップの製造も手掛けていた。半導体チップを外販しないため、影の半導体メーカーと呼ばれ、トップクラスの生産量を誇っていた。ただ、生産統計上は内製半導体をカウントしておらず、市場に出ている半導体チップを中心に統計を取っていたため、IBMは長い間、半導体メーカーとみなされなかった。一般市場向けの半導体を作っていたテキサス・インスツルメンツ（TI）やモトローラが1960～70年代は世界半導体ランキングの1位、2位を占めていた。

エポックメイキングはインテルのMPUとメモリの発明

半導体トランジスタはコンピュータと歩調を合わせながら発展してきたが、**1971年にインテルがマイクロプロセッサとメモリを発明したことが今日の発展を築く元となった。**

当時の4ビットマイクロプロセッサ「i4004」は、コンピュータ技術者からは「おもちゃ」的な扱いを受けていた。当時のコンピュータは、標準ロジックやゲートアレイを多数使ったプロセッサ演算回路（CPU）ボードで構成されていた。1980年代後半にインテルが32ビットプロセッサを開発したころから、CPUボードを一から設計するよりはインテルのチップを買う方が性能、コストの面からもメリットは大きいとしてCPUボードの開発を止め、インテル製のＣＰＵチップを購入するようになった。

米国ではさらにダウンサイジングがコンピュータの大きな流れであった。

超大型コンピュータは**メインフレーム**と呼ばれ、性能・機能は優れていたが、大企業がリースで借りていた時代だった。大企業の社員がコンピュータを使うためにフォートランやコボルなどの言語でプログラムを手書きで書いて、プログラマーの元に持っていくと、「あなたのプログラムの入力は３日後になります」と言われ、コンピュータには「待ち時間」という概念があった。

このため科学者やコンピュータユーザーは、メインフレームほど性能が高くなくてもよいから、すぐに使える、安価なコンピュータを欲しがった。そこで、オフィスで１台使えるレベルのオフィスコンピュータ（オフコン）やミニコン、エンジニアリングワークステーション（ＥＷＳ）などの小型コンピュータが80年代、一世を風靡した。

80年代の終わりごろにインテルチップを買う方が早くて設計できて安い、となった。そして90年代中ごろに**マイクロソフトのウィンドウズＯＳ**が登場、誰でも使えるパソコンが続出し、インテルのＣＰＵチップを合わせ**ウィンテル**と呼ばれる強力な体制が出来た。

他のメーカーも同様なＣＰＵを開発したものの、**インテルはメモリや周辺回路とＣＰ**

Uを接続するためのPCIバスを提案、メモリやチップセットメーカーとともにデファクト標準となった。

この結果、PCIバスはパソコンの標準としてインテルCPUは不動の地位を築くことになった。このPCIバスによってインテルが成功した話をかつて東京大学モノづくり経営研究センターの藤本隆宏名誉教授（現在、早稲田大学ビジネス・ファイナンス研究センター研究院教授）のグループが詳細に分析している。インテルの快進撃は、パソコンの進展とともに1990年前後から圧倒するようになった。

また、インテルの発明したCPUとメモリはIC集積度の向上をそのまま表すようになった。性能・機能がユーザーの要求レベルに達すると、それらはコンピュータ以外の分野にも使われるようになった。

最大の分野は携帯電話であった。電話帳や写真などを保存するようになり、CPUでの制御やメモリへの保存も必要になったからだ。さらに、携帯電話以外の分野でもCPUとメモリが使われるようになり、それらは**組み込みシステム**と呼ばれている。

通信は有線から無線へと発展

1980年代までの通信は一般の回線ではアナログが中心で、先端的な基幹システムだけがデジタル化を進めていた。デジタル方式の方がアナログ方式よりも回線容量を圧倒的に増やせるからだ。もちろん、デジタル方式の基幹通信技術には半導体トランジスタやICが向いていた。**IC化が遅れていた電話通信分野（当時はダイヤル式の黒電話）にも1990年代に入り、電話機がプッシュホンに代わり、ようやく半導体ICが使われ始めた。**

以降、モデムは急速にデータ速度を上げていった。1980年代後半の通信モデムは1024ビット／秒程度しかなく、半導体ICを本格的に採用するようになってからは、9600bps、19kbps、さらに当時「夢の通信技術ISDN（統合通信サービス網）」といわれたデータ通信網でさえ、わずか64kbpsしかなかった。

4G携帯電話のLTEでは100Mbpsが実現されており、**次世代の5Gでは数百Mbpsが得られており、目標の上り10Gbps／下り20Gbpsとけた違いの高速化を目指して進化を続けている。**

コンピュータはインターネットでつながり、それを支える演算に半導体ＩＣを駆使するという3つの要素が、現在のクラウドや5G通信、インターネットなどを支えているのである。今やコンピュータ制御がなければ基地局での回線切り替えは実現できない。

半導体がアナログからデジタルへの流れを加速させた

コンピュータと通信、半導体の基本要素技術は、アナログからデジタルへと大きく進歩を促したが、その中核となった技術（テクノロジー）は、やはり半導体であった。**トランジスタを多数集積するにつれ、集積回路ＩＣはアナログよりもデジタルに向いていることが次第にわかってきた。**

アナログ回路では、トランジスタの他にコンデンサやコイルを使って増幅や発振、フィードバックなどを動作させることができるが、実はコイルやコンデンサを小さくして集積させることが難しい。コンデンサは容量を大きくするためには面積を大きくせざるを得ず、コイルも同様に何回も巻いて磁力を強める必要があった。

しかし、**デジタル回路では基本的にコイルもコンデンサも要らない。**トランジスタのオンとオフだけで、1と0を表現するため、トランジスタさえあれば済む。そのトランジスタも、最初のバイポーラ型からMOS型に変えることで小さくしやすくなった。しかも、MOSトランジスタは、前述したように**小さくすればするほど性能が上がり、消費電力は下がる**、という理想的な特性を持っていた。

このためMOSトランジスタを極限まで小さくする技術が半導体技術の進展であった。これは**ムーアの法則**といわれるように、集積されるトランジスタの数は指数関数的に伸びていった。今日の高集積ICにおけるトランジスタ数は1000億個を超えている。

デジタルのメリット

デジタル回路やコンピュータ技術も半導体の高集積化の恩恵を十分享受できた。コンピュータは、8ビット、16ビットから32ビットの時代が長く続いた後、64ビットの時代に入っている。大量のデータを演算するためのコンピュータ技術も進展し、パイプラインや並列処理などの技術が進んだ。

デジタル技術のメリットを整理してみると、データ圧縮しやすい、誤り訂正ができる、トランジスタはいくらでも集積できる、という恩恵が多く、アナログでは実現しにくい技術がデジタルにはある。

一方のアナログ技術は、増幅や発振が容易にできるため、トランジスタが生まれた時でさえ、最初からトランジスタを使ったアンプや送信機に使われていた。ただし、真空管がMOSトランジスタと同様、電圧駆動だったのに対して、pnpやnpnなどの電流を増幅するためのバイポーラトランジスタは電流駆動だったため、真空管とは異なりトランジスタ回路を独自に確立するようになった。

電圧駆動とは、入力のゲートに電圧をかけると出力のドレインとソース間に電流が流れる。電流駆動とは入力のベースに電流を流すとコレクタとエミッタ間により多くの電流が流れる、という動作を表す。

このため、電圧駆動では入力のゲート電圧に対して、出力のドレイン電流をどれだけ多く稼げるか、という相互コンダクタンスgmというパラメータが重要になり、電流駆動では入力のベース電流に対して出力のコレクタ電流をどれだけ多く流せるか、という電流増幅率hFEが重要になった。

MOSトランジスタのメリットと弱点

すでに述べたように、**MOSトランジスタは集積化しやすく、1と0のデジタル論理**

回路をMOSトランジスタで表現すると、その回路面積はバイポーラトランジスタで表現するよりも小さくできた。このため、集積度を上げるにはMOSトランジスタが圧倒的に有利だった。

しかもデジタルでコンピュータ回路を構成しようとすると、トランジスタ数は多数必要になるが、MOSトランジスタで回路を構成するとその回路面積はさほど増えないのである。このため、経済的に集積回路を作ろうとすると、MOSトランジスタだけで構成することになる。前の章で述べたが、**デジタル回路はCMOS回路が性能・消費電力の点でメリットが多く、ほとんどすべてのデジタル回路はCMOS構成に置き換わった。**

しかし、MOSトランジスタにも弱点はあった。

電流を駆動するためには、ゲート幅といわれるゲート領域を広げなければならなかった。となると面積は大きくなってしまう。そこで、電流駆動能力が欲しい回路、例えば長い配線を駆動する回路、などのMOSトランジスタのゲート幅だけを広くとるようにして、単なるオン／オフだけのデジタル動作には小さな面積のMOSトランジスタを使い、MOS集積回路の面積をできるだけ抑えようとした。

また、少し製造プロセスが複雑になるが、電流駆動能力の欲しい出力回路にはバイポーラトランジスタを用いることもあった。この方がゲート幅を長くとるよりも面積を小さくできるためだった。

ICの面積を小さくすればするほど、1枚のウェーハから取得できるICの数が多くなり利益を生むこともIC産業の重要なポイントだ。第4章で述べたように、IC製造では1枚のシリコンの薄い結晶（ウェーハと呼ぶ）を写真露光技術の応用と化学反応や物理的にイオンをぶつけるなどの方法を使い、n型領域、p型領域、絶縁領域、配線金属などを形成していく。1枚のウェーハを反応炉の中に入れ、ウェーハ上に数十個ないし数百個のICチップを一度に加工する。このため加工する手間や時間は、数十個のICでも数百個のICでもそれほど大きく変わらない。**だからICチップの面積が小さければ小さいほど経済的なのである。一度の手間でたくさんのチップができるからだ。**

高集積化ICを設計する教科書が登場

CMOS回路は高集積化には有利であるとしても、集積するトランジスタ数が百万個、1千万個と膨大になっても設計できるのかという疑問も出てくる。

もちろん、2000トランジスタしかなかった4ビットのCPUや8ビットのCPU程度までなら手作業で設計できた。しかし、さすがに百万トランジスタとなると手作業

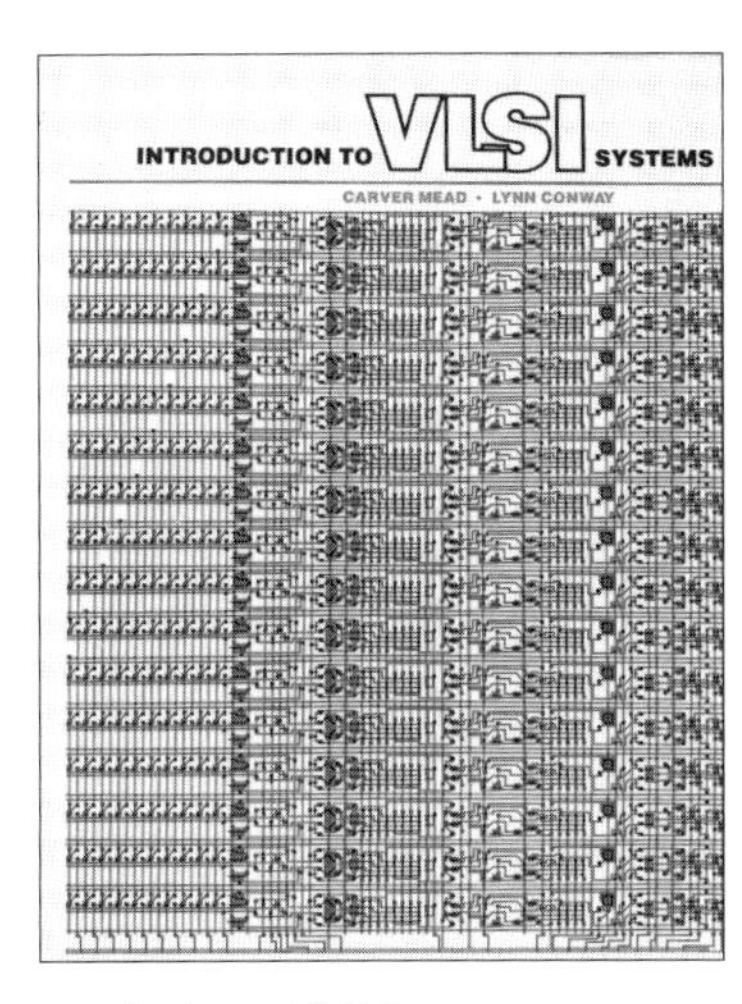

Introduction to VLSI Systems

なら２～３年はかかる。

　このような困難に直面した時、実は**ＶＬＳＩ（超大規模集積回路）設計の教科書**が誕生した。カリフォルニア工科大学のカーバー・ミード教授とゼロックス社ＰＡＲＣ（パロアルト研究センター）のリン・コンウェイの両氏が書いた『Introduction to VLSI Systems』である（写真）。発行されたのは、１９７９年だが、雑誌Electronicsが「１９８１年業績賞（Award for Achievement）」としてこの本の著者２人を表彰した。

　実は筆者は、この二人にお会いしたことがある。当時、日経エレクトロニクス誌の記者として米国のＩＥＤＭ（国際電子デバイス会議）に出席した帰りに、Electronics誌を発行していたマグロウヒル（McGraw-Hill）のニューヨーク本社を訪問した。

日経エレクトロニクスが Electronics の姉妹紙だった関係があったからだ。ある半導体エディターとＩＥＤＭでのトピックスを議論していた時に、「今、カーバー・ミード教授とリン・コンウェイさんが来て社長・編集長とランチしているのだけど、会ってみるかい？」と言われたので、「ぜひ」と言ってランチが終わるのを待っていた。コンウェイさんは背の高い女性で、ミード教授よりも大きいくらいだった。知的で優雅な雰囲気を醸し出していたような印象を受けた。

通称「ミード・コンウェイの本」では、トランジスタレベルから回路レベル、そして半導体製造に用いる回路パターンなどとの関係を丁寧に解説しており、回路レベルを機能記述する所まで著わしている。エヌビディアのＣＥＯ（最高経営責任者）のジェンスン・フアン氏が２０２４年６月にカリフォルニア工科大学（通称カルテック）で卒業生に向けて記念講演を行ったが、その時にもミード・コンウェイの本で自分も勉強したことを述べている。

5-2

日本の半導体産業の残念な歴史

半導体産業で生まれたマイクロプロセッサでは、命令セットや重要なデータをメモリから引き出して活用する訳だが、保存する命令セットやアルゴリズムなどのソフトウェアが差別化要因となる。つまり、**マイクロプロセッサのようなコンピュータには基本のプラットフォームとなるハードウェアと、その上で走るソフトウェアが必要となる。**

これまでコンピュータはハードウェアとソフトウェアに分かれていたが、大型コンピュータの時代まではそれでもよかった。しかし、コンピュータそのものが半導体チップとなってしまった現代は、ハードもソフトも両方理解できなければ、新しい半導体チップを生み出すことも使うこともできなくなる。

製造技術だけのニッポン半導体

かつて日本はアナログICとメモリを手掛けることが多かった。アナログICは総合電機の半導体ユーザーからの要求であり、テレビ用やVTR用、あるいはトランシーバ用など用途ごとのICを設計していた。メモリはデジタル製品だが、技術的にはアナログ的な要素が多く、過渡応答や読み出し・書き込み回路などはアナログの知識が必要だった。

ただし、それほど深い知識は必要ではなく、プロセス技術と呼ばれる半導体製造技術が日本の得意な技術であった。このため、半導体エンジニアの書いた書籍のほとんどが製造技術の本や知識であった。しかし、**半導体ICの集積度が向上するにつれ、設計技術によるコストが製造コストと同様に考慮しなければならなくなった。**

スタートアップが毎年新製品を出せる秘密

筆者は、米国スタートアップのアンバレラ（Ambarella）を取材した時に、設計にいかに拡張性を持たせるかが重要で、それがあるから製品の開発期間を短縮できることを知った。同社はGoProなどカメラ映像を処理するためのICを設計しているファブレス半導体だ。ファブレスといえども半導体VLSIをゼロから設計するには2〜3年はかかる。にもかかわらず、このスタートアップは毎年新製品を出してきた。

その秘密は、基本的な回路をプラットフォームとし、ソフトウェアを変えることで新しい機能を追加したり、あるいはハードウェアも必要最小限の変更に留めたりするなど、新機能を追加してきたからだ。基本的なプラットフォームはほとんど手直しせず、最初から余裕をもって機能を追加できるように回路を作り込んでおく。

チップ面積は少し大きくなるが、機能を売りにして価格を売りにするわけではないため、多少のチップ面積増加は最初から折り込み済みだ。**拡張性のあるプラットフォームにしていれば、ユーザーの要求でハードウェアを追加しなければならない時もすでに準備してある回路を使えるようにするだけでよい。**

設計コストを加味すること

元東芝のエンジニアで海外経験の豊富な岡村淳一氏が、半導体ビジネスのコスト分析

図5-2　半導体の原価

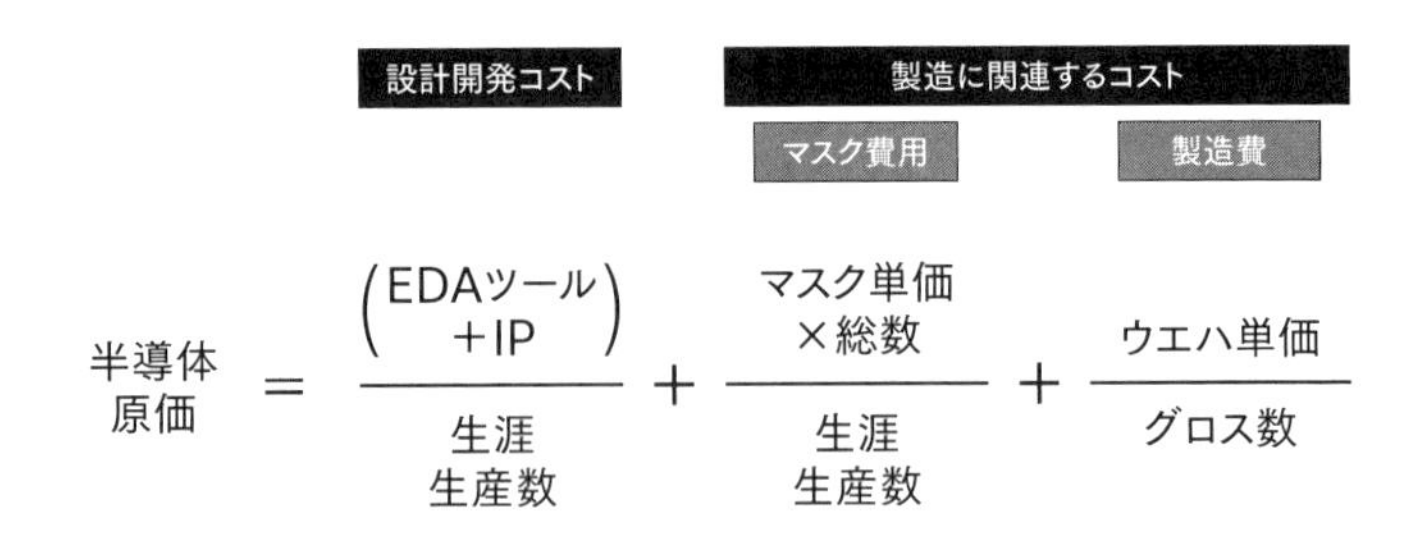

★生涯生産数が多ければ、製造費が主なコストになる

出典：岡村淳一氏の好意による

論を展開しているが、その中で、上記の式（図5－2）のようにコストを見積もっている。

かつて日本の半導体トップに取材しても製造コストのことしか言わなかった。つまり、グロス数を増やすことでチップ面積をできる限り小さくし、生産数量を増やすことしか考えていなかった。このため、少しでもチップ面積を小さく作ることしか考えてこなかった。コスト競争しかできない製品ならそれでもいいが、付加価値を売り物にするなら、この考えは正しくない。

設計コストをきちんと把握し、マスク総数もできる限り減らす。もちろんグロス数量は増やすに越したことはないが、増えない場合にはそれ以外のコストを減らすことを考えるべきだった。

日本メーカーは製造が得意であり、製造をもっと生かすことを考えるべきだったが、なぜか、製造を小さくして、最小限の製造機能を社内に持つファブライトへ進んだ。となれば、システムLSIの設計に力を入れるため、ソフトウェアと人材にコストをかけるべきだったが、相変わらず製造ラインの設備に投資するばかりだった。これでは無駄なコストが多くなる。にもかかわらず「製造設備を強化する方が製品の性能は高い」とむやみに信じ込んでいた。

製造が強かったのにもかかわらず放棄した

日本は半導体部門のトップだけではなく、その指導的立場にいた経済産業省も半導体製造のことしか考えていなかった。日本のDRAMが製造主体で、設計が関与することが少なかったからだ。

しかもコスト的に太刀打ちするためには設計から低コスト化を図っていかなければならないのにもかかわらず、製造の、それも量産現場でコストダウンするだけの低コスト化しかできなかった。

だからマイクロンやサムスンに負けたのである。

マイクロンは、１９８４年にＤＲＡＭに参入を決めた時、最初からメインフレーム向けの高価なＤＲＡＭは作らないと宣言していた。それは、当時日本にやってきたマイクロンのマネージャーから聞いた話であるが、米国ではメインフレームからオフコンやミニコンなどのダウンサイジングが始まっており、**ダウンサイジングの究極はパソコンにたどり着く**、と予想していた。

パソコン用のＤＲＡＭならコストが最優先。このため、チップ面積を小さくし、工程を短縮する、という方法が採られた。設計では、レイアウトの工夫で単位面積当たりのメモリセル密度を上げられるレイアウト手法の開発、設計ルールの微細化、製造ではマスク枚数の削減を低コスト技術の３つの柱と考えた。それから10年かかったが、低コストのＤＲＡＭを１９９５年市場に投入してきた。

これに対して、日本の製造プロセス技術者はマスク枚数を減らすことはあり得ない、としてまじめに低コスト技術の開発を検討しなかった。そしてＤＲＡＭメーカーを集約し、撤退する方向で日本全体がまとまった。ＤＲＡＭからシステムＬＳＩへと戦略を大きく変えた。

設計者に耳を貸さなかった

ところが、システムＬＳＩにおけるシステムとは何かを理解していなかった。前述のAmbarella の例でも見られるように、システムＬＳＩでは設計とソフトウェアに力を入れるべき製品なのにもかかわらず、相変わらず製造設備に投資していた。システムＬＳＩでは設計とソフトウェアと人に投資すべきだったが、残念ながら日本の設計力は弱かった。

かつてのＤＲＡＭ設計者の一人は、「なぜＤＲＡＭを放棄したのかわからない。ＤＲＡＭこそ続けるべき日本が得意な技術なのに」と筆者に対して嘆いていた。ＤＲＡＭのプロセス技術者は、マスク枚数の見直しを行わず、コスト的に無理、と深く分析もせずに白旗を上げた。設計者がＤＲＡＭを残すべきと主張しても、経営者は耳を貸さず安易にシステムＬＳＩへと舵を切ったと、その設計者は嘆いた。

台湾はファウンドリだけではなくファブレスも強い

霞が関や半導体トップは、設計を理解できなかったため、**結局日本の半導体の進むべき道をシステムＬＳＩと決めたのにもかかわらず、設計を強化しなかった。**このことは台湾当局と極めて対照的だった。

台湾では、１９９５年ごろからＴＳＭＣが力を付け始め、２０００年ごろには日本を追い抜く勢いになり始めた。しかし、台湾当局は、製造ファウンドリで他社や他国と差別化できるのか、不安を持ち始めた。

特に２０００年ごろは中国が半導体製造に力を入れ始め、スタートアップのＳＭＩＣが多額の投資を行っていたため、将来中国が半導体製造で力を持つようになると台湾は設計を強化しなければならないと考えるようになった。

そこで**台湾は設計分野を強化するため、スタートアップの支援を始めた。**かつてファウンドリのＵＭＣの設計部門であったMediaTekとNovaTekがそれぞれ独立した。どちらも現在世界ファブレス企業のトップ10ランキングの常連だ。特にMediaTekはモバイルプロセッサや通信モデムのチップではクアルコムと伍する勝負を続けている。

ＴＳＭＣから独立したＧＵＣ（Global Unichip Corp）はデザインハウスとして確固たる地位を築いている。台湾には設計会社は極めて多い。

日本でも最近ファブレスとして力を発揮し始めているのはソシオネクストだ。

自らのブランドの製品よりも、相手先のブランドで設計するデザインハウスであるが、海外からの半導体設計の注文を取ってきており、５ｎｍ、３ｎｍの設計を手掛けるようになっている。さらに、ＴＳＭＣジャパンの横浜みなとみらいにあるデザインセンターでは、ＴＳＭＣの最先端の３ｎｍ、４ｎｍの設計を手掛けており、日本における設計人材が育ち始めている。彼らを経産省や先端半導体の好きなラピダス、ＩＴサービス業者などはどう取り込むのだろうか、それ次第で日本の半導体設計は強くなるだろう。

第6章

これからの半導体産業の未来地図

6-1

これからの半導体技術

2024年11月時点における半導体技術は、従来の微細化技術がすでに飽和してしまい、最先端のプロセスノードが2nmとなっている。一応TSMCやインテルは14Å(オングストローム)を意味するN14AやN16A、インテルA14などのプロセスを次に描いているが、その先は見えていない。

一方で、半導体を使うコンピューティング技術の向上を求める声はますます高まっている。それは、半導体の集積度をもっと上げよ、という声でもある。つまり、**1枚のシリコンチップを微細化して集積度を上げる方向はもはや先細りだが、1個のICチップに集積してほしいトランジスタ数はますます求められているのである。**

だから、ムーアの法則はまだ進展するという見方と、もはや死んだという見方が出ている。後者はムーアの法則と微細化技術の進展を同列に見ているから起きているのであり、ムーアの法則をあくまでも最初の定義通りに、「IC製品に搭載されるトランジスタ数は年率2倍で増えていく」と考えれば、まだまだ続くということになる。

微細化は止まった

実際のプロセス上の最小寸法は12〜13nmなので、巷でいわれている2nmプロセスといってもファウンドリ企業が勝手にそういっているだけにすぎない。彼らに対して、メモリメーカーは正直に、20nm以下を19nm、18〜17nm、16〜15nm、15〜14nm、14〜13nm、13〜12nmを1xnm、1ynm、1znm、1αnm、1βnm、1γnmと表現しており、ファウンドリが手掛けているロジックの方が、微細化は進んでいるわけではない。

ではなぜ、最小寸法が12〜13nmなのに3nmプロセスと称しているのか。半導体の微細化技術が行き詰まっていることを見せたくなかったからだろう。そしてプロセスノードの定義を変えた。

単位面積当たりのトランジスタ数でプロセスノードを表現した。例えば、7nmプロセスとは、1平方mm当たりに集積されるトランジスタ数が約1億個のICのことを指した。これは、14／16nm当たりからMOSトランジスタは従来のプレーナ構造から3次元構造を駆使するFinFET構造に変わった。この構造ではフィンの数でMOSトランジスタの電流駆動能力を上げた。

単位当たりの集積度を上げるために、トランジスタを3次元の立体構造にするだけではない。配線や配線同士の交点や、配線構造も3次元化して配線の面積を減らし、そこにトランジスタを配置するといった手法を使って単位面積当たりの集積度を上げた。

このようにして、7nmの場合の単位面積当たりのトランジスタ数を4倍にすると5nmプロセスノードとした。さらに4倍が3nmプロセス、さらにその4倍が2nmプロセスと称している。

コンピュータ性能を上げようという要求はますます強まる

昨年、半導体企業の売上額トップランキングでトップになったエヌビディアのジェンスン・ファンCEO（最高経営責任者）は、「微細化技術はもう止まりつつあるが、コンピューティング能力をもっと上げてほしいという要求はますます高まっている」と述べており、**半導体プロセス技術の能力と、コンピューティング能力とのギャップがますます広がっている**、という認識を示している。

微細化技術は止まったものの、ムーアの法則は続いている。ムーアの法則とは、IC

製品1個に集積されるトランジスタ数が毎年2倍になるという法則だったが、少しずつ緩まり、18〜24カ月で倍増するというスピードに変わっている。とはいえIC製品1個当たりに集積されるトランジスタ数はますます増えていることは確かだ。これまで最強のGPU（グラフィックスプロセッサ）は1チップ（1個のシリコンダイ）に約1040億個のトランジスタが集積されていたが、これを2チップ構成にしてくっつけたのが最近、エヌビディアがリリースした2080億トランジスタの Blackwell である。

ファンCEOは、微細化技術が止まったと認識しながら、コンピューティングパワーをもっと高めよという要求を受けて、どうやってその要求を満たそうとしているのか明確には語っていないが、彼らが用いている、**複数チップの1パッケージに集積するという技術こそが、二つのギャップを埋める方法**なのである。

先端パッケージで集積度を一気に上げる

微細化が止まっても、3次元プロセスによって集積度を上げたように、微細化技術を使わずに集積度を上げる方法として、**1パッケージ内に多数のチップを集積する方法**がある。これが**先端パッケージング技術**と呼ばれる方法で、TSMCは数年前からロジッ

図6-1 先端パッケージング技術のロードマップ

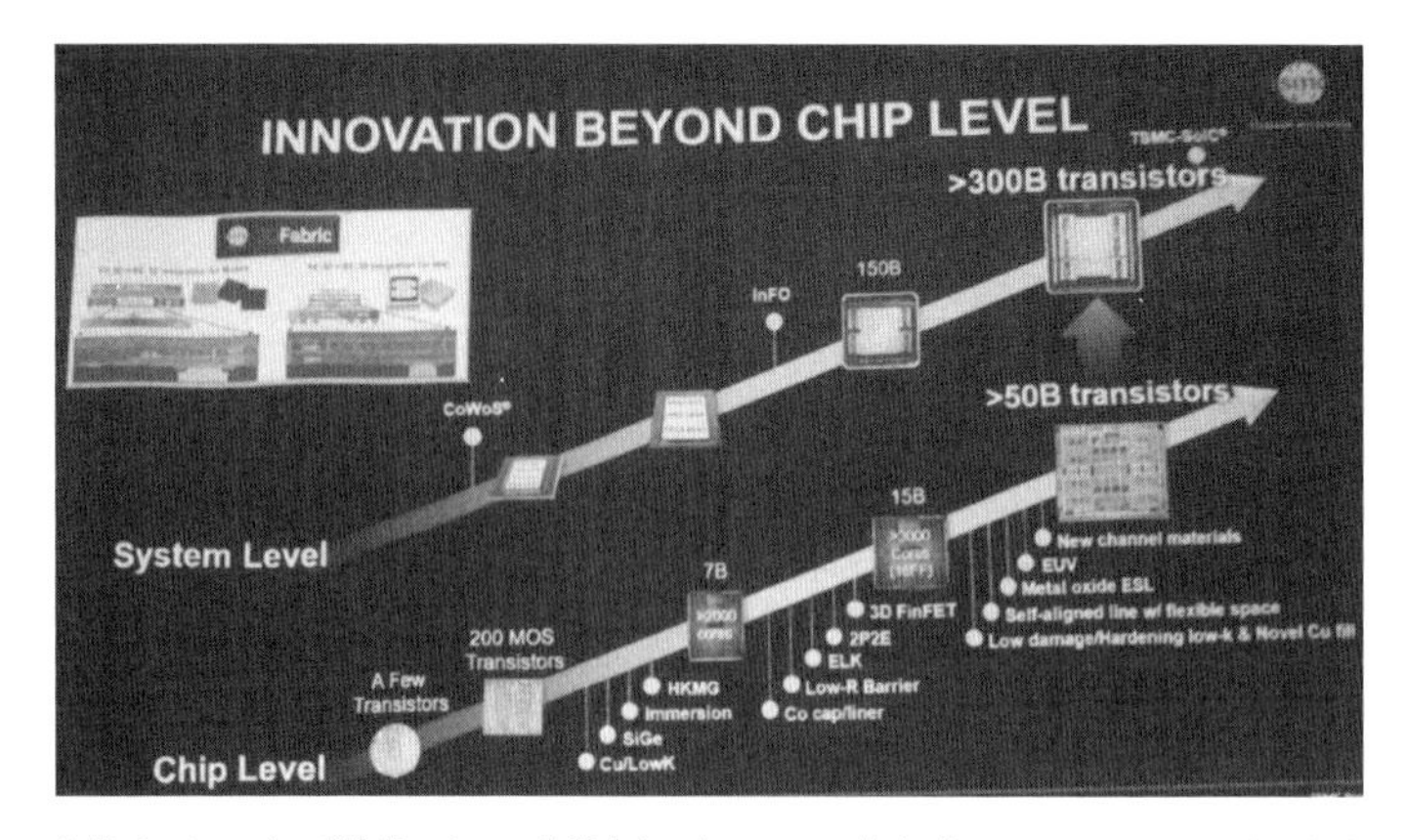

先端パッケージング技術によって集積度を一気に5〜10倍上げる。システムレベルという上の線は先端パッケージに実装した場合の集積度、下のチップレベルの線は1チップシリコン上での集積度を示す。1チップ上に集積するよりはマルチチップで3次元ICやチップレットを多用することで1パッケージ内の集積度は格段に上がることを示している。

出典：TSMC 資料

クの近くにメモリを配置したいという要求に応えてきた。この方法を使えば、微細化せずに同じプロセスのまま5～10倍の集積度を上げることができる（図6－1）。

先端パッケージング技術は、複数のチップやチップレットと呼ばれる一部の回路を3次元化したりそばにくっつけて置いたりする技術である。かつてはマルチチップモジュール（MCM）と呼ばれることがあったものの、それとは違うのは**3次元化手法**を取り入れていることだ。

かつてのMCMでは集積化しにくい、例えばノイズに敏感なアナログ回路とデジタル回路を一つのパッケージに集積する場合、ノイズの影響を減らすためにチップ同士をお互いに遠ざけたり、シールドしたりすることがあった。ただ、これでは、信号が伝わる距離が長くなるため、よほどの事情がない限り、MCMはあまり使われることがなかった。むしろ1チップに集積する方が簡便でコストが安かったために、モノリシック（1チップ内）1枚のシリコンにさまざまなトランジスタ回路を集積してきた。

しかし、それがもはや限界まで来たのである。モノリシックに集積する場合にはもはやチップ面積を大きくすることができなくなった。レチクルサイズが限られていたためであり、また、大きくしすぎると歩留まりが悪くなったためでもある。

コスト的にも有利になる

ＡＭＤは、先端パッケージでマルチチップ化する方がモノリシックでチップ面積を増加させるよりもコストが下がることを示している（図６－２）。

この図は、ウェーハ上の欠陥密度が０・22個／cm^{2}と１・０個／cm^{2}の二つの場合とも、歩留まりが落ちていく様子を表している。ここでの欠陥とは、空気中を漂う微小なゴミ（パーティクル）がウェーハ上に落ちていくそのゴミの数のことだ。ウェーハ上にゴミがあればその部分がマスクされてきれいなパターンを描くことができないためだ。**ウェーハ上のゴミは確率的なものなので、面積が大きくなればゴミを捉える確率が増えていくことで欠陥につながる。チップ面積が小さければ、ゴミが１個載らないチップ数は多くなるが、チップが大きくなればなるほど、１個のゴミでも付着する確率が増えてしまう。**このため、チップ面積は限られている。

ＡＭＤはＩＥＤＭ（International Electron Device Meeting）２０１７の講演で、実際にチップ面積を上げる場合と4分割してそれぞれをつなげる方が、歩留まりは高くなるため、シリコンのコストは安くなることを示している（図６－３）。

図6-2　チップ面積を大きくしすぎると歩留まりは落ちていく

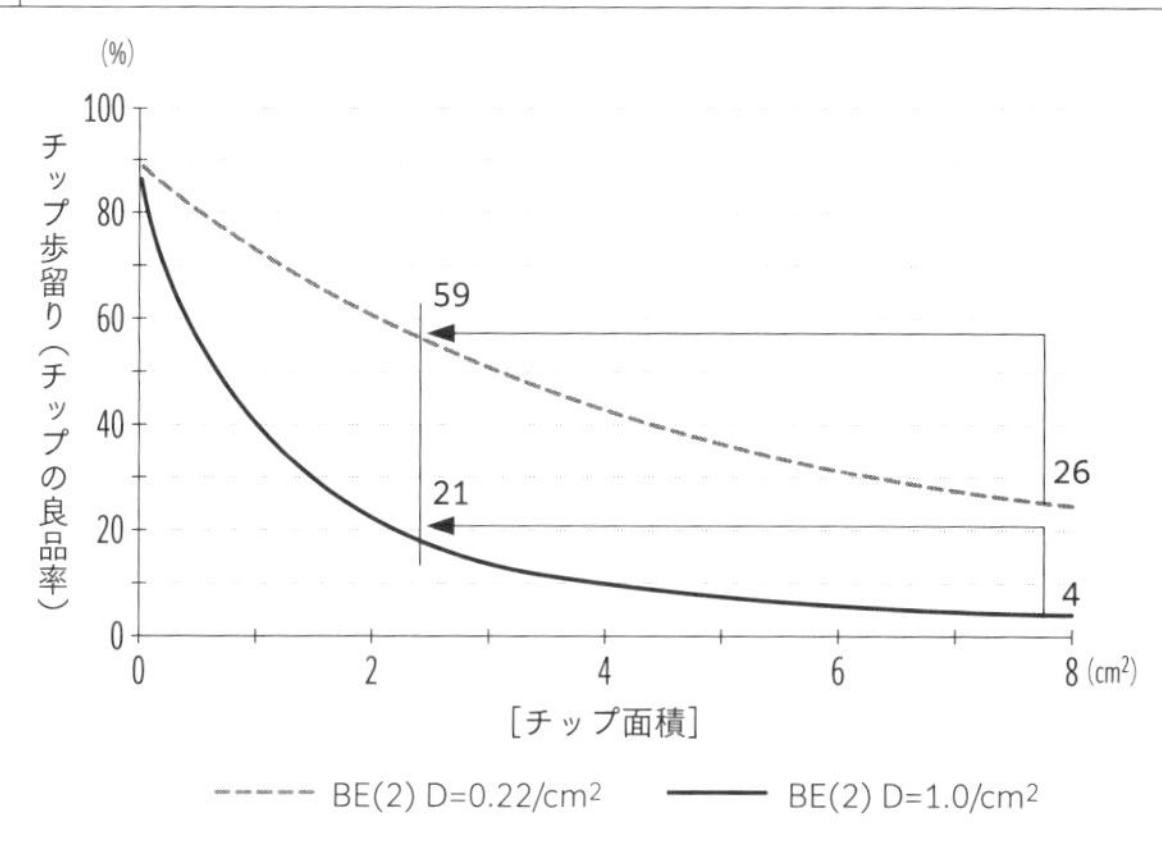

出典：IEDM での AMD の講演資料、Arm

図6-3　チップを四分割してそれぞれをつなげる

チップレットに分割した
32コアのチップコスト＝0.59

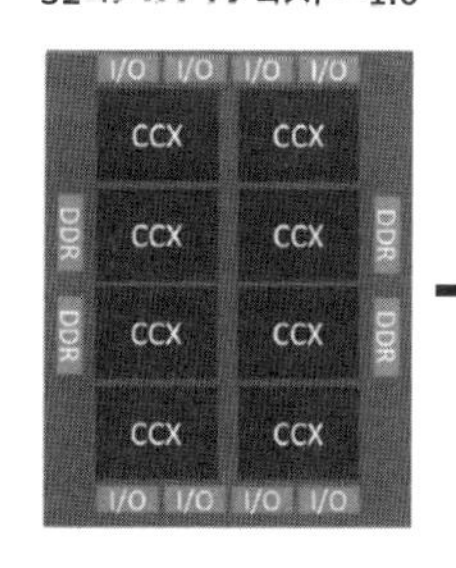

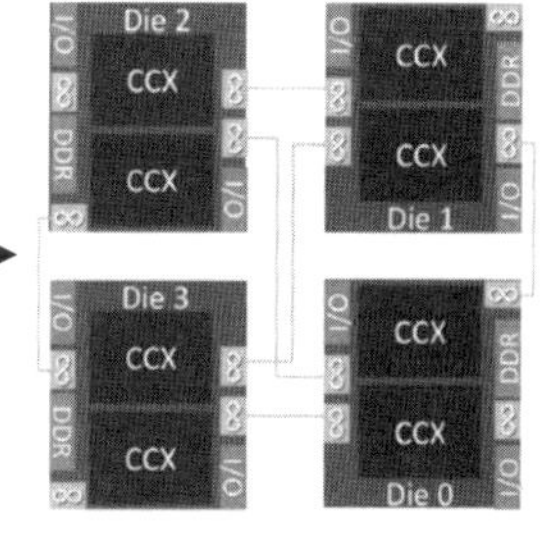

AMDはGPUを4分割する方が全体の面積は大きくなるが、歩留まりが上がった分コストが安くなると示した

1チップを想定した場合の
EPYC CPU(32コア) の面積は
777mm²

現実のEPY CPUのチップ面積は
4×213mm²=852mm²

出典：IEDM での AMD の講演資料、Arm

エヌビディアのＧＰＵは、ＴＳＭＣに製造を依頼しているが、この先端パッケージ技術で集積度を上げるとともに、**生成ＡＩのような巨大なデータを学習させたり推論させたりする用途ではＧＰＵを大量に並列接続して使われている。**単純にＧＰＵを並列接続しても性能は上がらないため、データの交通整理を行うネットワークのスイッチングデバイスやスイッチＩＣが必要であるが、そのＩＣを設計しているメラノックス社を数年前に買収して、手に入れている。

6-2 これからの人材教育

半導体産業では、技術開発に必要な人材育成も極めて重要な課題である。

これまでの理系教育では、半導体教育が十分ではなかった。**半導体では物性物理や材料、デバイス物理などを中心に教えているが、実際の設計にはほとんど踏み込んでいない。**製造技術は少しずつではあるが、半導体実験室を揃え、簡単な半導体デバイスやトランジスタは製造できる。

しかし、設計技術に関してはわずかな研究室でしか教えられていない。電子回路となると電子工学で教えられるだけであり、半導体のパターンと電子回路との関係や製造技術との関係に関しては誠に心もとない。

さらに半導体教育では、製造プロセスを教えるカリキュラムが多いようだが、半導体は製造だけではない。**半導体特有の設計技術も重要であり、その基礎となる回路技術やコンピューティング技術も教えるべきであろう。**アナログ回路技術は特に重要である。

センサやアクチュエータ、デジタル回路とのインターフェイスとなるデータコンバータ技術などを含むアナログ技術は、デジタル回路の基礎でもある。

また、半導体物理は、根本を突き止めれば量子力学に基づいている。このため、しっかりした半導体物理学を身につけておけば、量子コンピュータなどの理解にもつながる。

STEM教育が基礎

さらに半導体を含む理系教育では、これから20〜30年にわたり成長するIT技術を身につける必要があろう。

IT技術の3大要素は、コンピュータ、通信、半導体である。これら全ての知識を身につけていなければIT もデジタルも知ることができない。コンピュータはデータのやり取りが基本であり、そのやり取りこそ通信技術である。それらを実現させるための技術が半導体IC技術である。つまり、**コンピュータ、通信、半導体を理系教育の中心**とすべきであろう。これからの成長産業の基礎だからである。

さらに全体的には**STEM**（ステム）（Science, Technology, Engineering, Mathematics）**教育**が欠かせない。科学＝物理と化学・生物・医学、技術＝科学の実用化、工学＝実際の生産に使われる技術、そして数学＝コンピュータシステムとＡＩ、これらは理系教育の全てといってもよいだろう。理系教育の理解に欠かせないからだ。

理系と文系の視点を融合する

これまで半導体教育の視点を述べてきたが、実は半導体産業で最も重要なことはコストである。半導体チップを作るために必要な技術は、コストに基づいているからだ。その意味で**財務・経理の知識**も必要になる。

筆者は大学で物理を学び、最初に就職した半導体企業で、「原価計算しろ」と言われたときに面食らった。大学では考えたこともなかったからだ。

しかし、半導体ではコストがとても重要な案件である。ムーアの法則の大前提が「市場で売られているＩＣの集積度」であるからだ。研究所で試作したＩＣのことではない。**実際の製品となり、誰でも買えるＩＣの集積度が毎年上がっていくことを示した経済法則なのだ。**

集積度が上がり、ＩＣに集積されるトランジスタ1個当たりの価格は今や1円以下になった。例えば最新の2ＧビットのＤＲＡＭメモリの単価が800円だとすると、2Ｇ

ビットのメモリに集積されているトランジスタ数は、かなり乱暴な計算だが、20億トランジスタ以上が集積されている。トランジスタ1個当たりの価格は、わずか0.0000004円となる。かつてのDRAMは、例えば64KビットDRAMが200円くらいだったので、このころはトランジスタ1個当たり0・0031円だった。つまり、現在のDRAMメモリのトランジスタ当たりの価格は、7800分の1も安くなっているのだ。もっともメモリは設計が単純で同じメモリセルを大量に並べた構造であるため、設計コストが安いといえるが、プロセッサやロジックはそうはいかない。もっと高い。

総じて集積度を上げることによってトランジスタ当たりの価格はどんどん下がり、半導体ICが身近になったといえる。だから**半導体ICが単なる電子機器やコンピュータから全ての家電や産業機器、自動車、通信機器、電話機、産業機械、医療機器、ロボット、航空機などありとあらゆる機械に入っていき、機械をインテリジェント化してきた。**

コストだけが文系ではないだろうが、産業では文系も理系もない。営業は製品を売ってお金に換える仕事であるが、製品の中身を知らなければ売ることができない。大企業の半導体営業では代理店に任せ、営業は顧客の元に直接行かず代理店を管理する仕事に変わっているが、これでは顧客の声は聞こえてこない。理系のエンジニアが顧客の元に行けばよいが、残念ながら日本では顧客と話ができるエンジニアは極めて少ない。

しかし以前取材したドイツInfineonには、「僕は顧客と工場のエンジニアとの間を結ぶトランスレータ（翻訳者）だ」と述べるシニアエンジニアがいた。エンジニアでも40～50代ならアナログもデジタルもソフトウェアもハードウェアも理解できるようになる。それだけの知識を身につけてきたからだ。

もちろん全てのエンジニアがこれほど知っているわけではないが、日本の会社では50代になり管理職ではない人たちは、窓際族になり活用されない。実にもったいない話だ。知識をどんどん吸収する意欲がある、ベテランエンジニアをもっと活用すればよい。このような**ベテランエンジニアこそ、顧客のところに行っても顧客の要求を理解し、それを工場のエンジニアに翻訳することができる。**

これからは文系、理系という括りではなく、両方が重要になる。さらに次の節で半導体産業の広がりからさまざまな領域の知識が必要になることを示そう。

6-3

さまざまな知識の融合の時代

電子と機械との融合

半導体産業は、文系、理系の両方が必要になるだけではない。もっとさまざまな知識が求められるようになる。例えば、自動車にはさまざまな半導体が使われるようになってきているが、自動車の先端技術は実は航空機に近い技術も多い。航空機のような極めて重い機械を操作するハンドルや尾翼の操作、車輪の出し入れなどさまざまな機械を動かすアクチュエータシステムでは、機械が直接つながっているわけではない。操縦席から信号を送り、その信号が機械を動かすアクチュエータを動かすのだ。

もちろんここにはパワー半導体をはじめとするさまざまな半導体ICが大量に使われ、その役割を果たしている。自動車でX-by-wireと呼ばれる技術がすでに航空機では使われている。となると、自動車エンジニアとともに半導体エンジニアも航空機の仕組みを理解しておく必要がある。

上記の例は半導体電子回路と機械との融合の例だが、こういったメカトロニクスの進化は速い。ロボットなども典型的なメカトロニクスの例だが、最近はロボットと人間の対話を目指すＡＩを組み込む動きもある。ＡＩの技術をＧＰＵからソフトウェアに至るまで組み込むエヌビディアは、まだ完成していないがロボットを作り揃え始めている。

これまでのロボット人形などはボキャブラリや理解力が少なく、対話が成立していなかったが、**大量のデータを学習させた生成ＡＩをロボットに組み込むと、まともな会話が成り立つようになる。**高齢者の相手となるペット代わりのロボットがこれから登場するようになる。

機械技術者はＡＩの知識も必要になるのだ。また、電子エンジニアはどの程度の電流でモーターを効率よく回転させ、動力に変えるのかを知らなければ、最適なパワー半導体を設計できない。

ハードとソフトの融合

コンピュータは、一つの基本となるハードウェアを作り、そのうえでいろいろなソフトウェアを動かして、さまざまな仕事をさせるシステムである。計算するだけではなく、さまざまな制御を行う。となると、させたい仕事を理解したうえで、**何をハードウェアで行い何をソフトウェアで行うべきかを仕分けるシステム的思考が求められるようになる。**

これまではハードウェアを追求するエンジニアとソフトウェアを追求するエンジニアがいて、それぞれ別々に活動していた。いずれも効率の良さを追求していた。しかし、これからは、**ハードとソフトの両方の知識が必要となる。**何をハードで行い、何をソフトで行うか。ハードは高速だが、フレキシビリティはない。ソフトは遅いがフレキシビリティが高い。ハードとソフトの切り分けには両方の特性を理解したうえでシステムにとってどれが最適かを考えることになる。つまり、**システム的観点からハードウェアとソフトウェアを設計することが求められるようになる。**

環境を配慮した工場へ

半導体産業は昔から環境を配慮した技術開発が行われてきたが、今後はカーボン実質ゼロ、すなわち**カーボンニュートラルに向けて工場内を特に変えていかなければならな**

い。これまで水を大量に使い、処理したうえで捨てていたが、その循環リサイクルが必要となり、無駄として捨てていたものをできるだけ減らし、環境負荷を削減するといった工場作りが必須となっている。このためにはカーボンニュートラルに向けた仕組みや技術を理解し実行する必要がある。

カーボンニュートラルに関しては、エネルギー問題と深く関わりがあるため、原子力発電所はCO_2を排出しないからといってもすぐに推進するわけにはいかない。米国でのスリーマイル島での事故以来、再稼働した古い原発もあるようだが、新しい原発は立てられていない。日本でもすぐに再稼働というわけにはいかない。もし福島のような事故が万一起きたら、二度と稼働できなくなるからだ。

このため**原発に頼る期限をきちんと決め、そのために再生可能エネルギーの効率改善と生産技術、さらにシステムとの融合を目指す最適な技術を開発するのに何年かかるのかを求め、それを実行するためのロードマップを決めなければならない。**欧州では、原発はリスクの大きな発電所であり、CO_2を出さないメリットを強調しなくなっている。

社会課題の解決に半導体

半導体やエレクトロニクス業界では、製品を民生用と産業用に分けてきた。コンピュータ企業は製品を個人向けと企業向けに分けてきた。ここに社会向けというべき製品が登場する時代になってきそうだ。

例えば、5G／6GやWi-Fiなどの通信基地局や、街灯などに太陽電池パネルと蓄電池を配置してLEDライトを付けるようになりつつあるが、これらは民生とも産業とも言い難く、個人向けでも企業向けでもない。**いわば社会インフラに半導体が大量に組み込まれていくのである。**

さらに、これまでの医療技術では治療できなかったが、半導体IC技術とAIを使うことで、声を出せない患者が自分の意思を示せるようになったり、医師不足解消のため、離島にいる患者への治療や手術を、ロボットを利用してリモートで操作できたりするようになっている。普及はこれからであるとともに、遅延なく操作できるようにするために5Gの進化が求められている。

また運転手（ドライバー）不足に対処するため、1台のトラックを運転手が動かし、2

台目、３台目のトラックを自動運転で１台目のトラックに追従していく、という実験はすでに始まっている。また、遠隔地でのトラクターやショベルカーなどの重機をオフィスから操作する実験も始まっている。特に危険な地域での作業に関しては有効だ。

交通渋滞の緩和では、**アダプティブ信号機**の採用がすでに米国ワシントンＤＣ郊外の地域で始まっている。

これは、十字路にＡＩカメラを設置し、４方向にいるクルマの数を数え、信号で停止しているクルマの台数が多い道路では青信号の時間を長くするというものだ。クルマの台数が減ればデフォルト値に戻すことでクルマの渋滞を減らすことができる。全てＡＩカメラからのセンサによって信号機の時間を自動的に変えていくというものであり、突然の事故や工事があっても、交通渋滞にはならない。アダプティブ信号機は、渋滞解消の決め手になりそうだ。

6-4

人間愛をベースに半導体産業を考える

半導体技術やＡＩ、ＩＴ、デジタル化などは全て人間愛をベースに博愛的に考えることが特にこれから重要になる。

テクノロジーで何でもできるようになってきた反面、人を傷つけることにもなる。フェイク画像を作るＡＩやウソ情報などがはびこる恐れがあるからだ。**倫理的に受け入れられない差別意識や人種に対する偏見、人類への敵対行為など、技術開発段階で、チェックして広く受け入れられるような仕組みを作る必要が出てきそうだ。**

特にＡＩは、コンピュータを学習させて、人間を補助するためのテクノロジーである。何を学習させるかによって、良くも悪くもなる。学習させる場合、知らないうちにバイアスがかかっているかもしれない。学習させて内容をダッシュボードに表示させ、数人でチェックできる仕組みを作る必要がある。すでにＩＢＭやエヌビディアのようなＡＩのリーダーたちはそのような仕組みを作っている。

また、再生可能エネルギーシステムの構築はやはり早急に進めるべきだろう。変動の大きな再生可能エネルギーの変動を抑える技術として、**蓄電池の設置だけではなく、各地の発電所と融通し合う仕組み作りを確立させ、さらにそれを国外に広げられるようにすることも進めていく。**さらにＡＩの活用を含め、新テクノロジーで変動を少しでも抑える仕組みを日本が先駆けて開発すれば、テクノロジーの主導権を取れる。

半導体技術は電力エネルギーを送電線から効率よく取り出したり戻したりするのにも使われる。再生可能エネルギーの制御技術を開発し確立することは、**今後のエネルギー問題で日本がリードしておけば、ＩＴと半導体で遅れたテクノロジーを取り戻すために、起死回生の技術となるかもしれない。**ＡＩと半導体の活用が決め手となるだろう。

セキュアな社会や安心安全な社会への取り組みに関しても実は日本は極めて遅れている。危機意識が乏しい。一つの工場を造ってもそこに全てを集中させる方式をいつも取り、地震に対する備えを怠り、危険分散するという考え方がない。

また、自動車のように人命を預かるミッションクリティカルな分野では、安心安全はマストである。インターネットセキュリティの世界でも、安心安全なセキュリティ確保もマストだ。安心安全をお金で買うという考え方に、日本社会が慣れることが必要なのかもしれない。

第7章

半導体産業の成長企業群

7-1 半導体企業（ファブレス、ファウンドリ、IDM）

半導体企業や半導体関連企業でこれから有望な企業はどこだろうか。それを探す手がかりとして、成長産業になっているかどうかという目で見てみたい。半導体そのものはもちろん成長産業であるが、さらに有望な技術を持っているか、あるいは成長分野に踏み込んでいるか、という観点から見てみる。

今後の成長が見込めるファブレス企業群

半導体企業には、設計から製造まで携わるIDM（垂直統合型の半導体メーカー）と、設計だけを受け持つファブレス半導体、製造だけを受け持つファウンドリという形態の中で、これまで大きく成長してきたのは一般にファブレスだった。

それもファブレスの成長期では、ＦＰＧＡや通信モデム、ＣＰＵプロセッサなどいろいろな特長的な企業が多かった。ＦＰＧＡではザイリンクスやアルテラ、通信モデムではクアルコム、ＣＰＵではＡＭＤ、サイリックスなどいろいろな分野にバラけていた。

今とは事情が違うかもしれないが、あえて述べるのなら**AI、無線通信、自動車、ロボットなどが有望な成長産業であるし、有望分野であろう。**そこでこれらを中心に見てみよう。

ＡＩで急成長した**エヌビディア**は、少なくとも今後10年は成長するだろう。もともと、ゲーム用のグラフィックスＩＣに特化してきた企業だが、グラフィックスだけではなく数値計算専用に使うチップとしての用途も見つけた。その後、２０１２年にカナダのトロント大学のヒントン教授らがニューラルネットワークのモデル（AlexNet）を使って、画像認識してみたところ、誤認識率が圧倒的に低くなることを見出したが、この時に使ったチップがエヌビディアのＧＰＵ（グラフィックスプロセッサ）と並列演算向けのソフトウェアＣＵＤＡであった。エヌビディアはこれ以来ＡＩに急速に会社の方向を切り替えた。**GPUがディープラーニングに有効であることを示すためにさまざまなAIライブラリを揃え、AIを充実させた。**

そして、膨大なデータを学習させるのに新しい自然言語処理技術であるトランスフォーマーを使ったチャットＧＰＴをオープンＡＩが公開したのは、AlexNet の10年後の２０２２年だった。ここでもやはりエヌビディアのＧＰＵを数千個使って学習させるのに３００日程度かけたといわれるくらい膨大な学習データであった。

この時のＧＰＵよりもさらに処理性能の高いＧＰＵを次々と開発することで学習時間の短縮を図ってきた。エヌビディアは、Ａ１００、Ｈ１００、Ｈ２００、Ｂ２００など**と高性能なＧＰＵを次々と開発するとともに、ＡＩライブラリを充実させ、また最適な規模の生成ＡＩ向けのＡＩソフトウェアを充実させるなど、単なるファブレス半導体企業の域を超えていた。**

ジェンスン・ファンＣＥＯは２０２４年になって、自らをＡＩファウンドリと称し、どんなＡＩも作り込むことができるという自信を見せている。

もう一つ有望なファブレス半導体は**クアルコム**だろう。元々携帯電話用のモデムＣＤＭＡ（符号分割多重アクセス）を開発したが、携帯電話事業を京セラに売り払い、ファブレスに特化した。モデムチップから出発し、携帯電話に写真やメール機能などが搭載されるようになると、モデムだけではなくアプリケーションプロセッサ「Snapdragon」に手を広げ、スマートフォンが登場した後はSnapdragonの製品ポートフォリオを拡大した。最近では**マイクロソフトとともにＡＩパソコンと定義されるコパイロットプラス仕様のSnapdragonを開発、ＡＩ ＰＣ分野に乗り出した。**

図7-1　2024年前半（1～6月）の世界半導体トップランキング

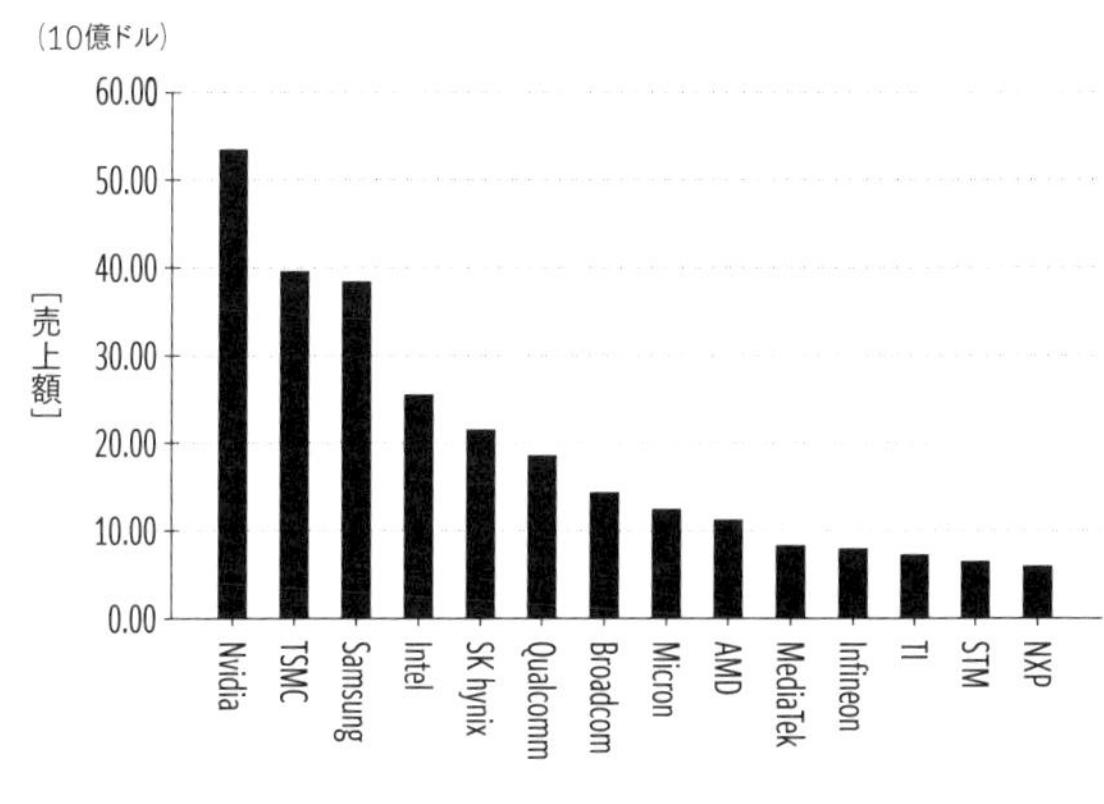

出典：各社の決算報告から

パソコンもスマホも行き詰まっていると思われがちだが、中古市場が拡大するとともに1台に搭載される機能が拡大してきたため、出荷台数は増えていないが中に搭載される半導体の中身が次々と変わっており、半導体の大きな市場を構成している。

この産業構造は自動車とそっくりで、自動車の新車出荷台数は2000年以降先進国では全く増えていないが、その中の機能は拡充し半導体が次々と新しいものに変わってきている。パソコンもスマホも出荷数量は毎年ほぼ変わらなくなっており、減少傾向は見られない。

半導体メーカーの最新の順位は図7－1のようになる。

ファウンドリはTSMCが絶対王者

ファウンドリでは、TSMCの優位は当面変わらないだろう。図7－2に示した最新のファウンドリトップ10ランキングでは、2位以下を圧倒的に引き離しているからだ。2位の**サムスン**は先端的なロジックプロセスに投資を続けてきた結果、アップルを逃がしてもクアルコムなどの顧客も使ってみるようになり、2位の座をキープしている。第3位になった**SMIC**は、米中対立の結果、中国内のファブレスICメーカーがSMICに依頼するようになり、少しずつだが着実に成長を遂げている。

第5位のグローバルファウンドリーズは必要な投資が遅れることが多く、TSMCのような継続的な成長ができていない。米国が半導体工場への投資を支援するようなCHIPS法案を通過させた後は、積極的に米国に投資するようになった。名前の通り米国以外にもドイツのドレスデンやシンガポールにも工場を持っており世界的にビジネスを展開している。

今後もTSMCの天下が続くだろうが、ラピダスがどこまで食い込めるか。まずはトップ5社までに入れるような応用の顧客を摑まえることができるかどうかが勝負とな

図7-2 2024年第2四半期におけるファウンドリトップ10ランキング

順位	企業名	売上高			市場占有率	
		2Q24（百万ドル）	1Q24（百万ドル）	QoQ（%）	2Q24（%）	1Q24（%）
1	TSMC	20,819	18,847	10.5	62.3	61.7
2	Samsung	3,833	3,357	14.2	11.5	11.0
3	SMIC	1,901	1,750	8.6	5.7	5.7
4	UMC	1,756	1,737	1.1	5.3	5.7
5	GlobalFoundries	1.631	1,549	5.4	4.9	5.1
6	Huahong Group	708	673	5.1	2.1	2.2
7	Tower	351	327	7.3	1.1	1.1
8	VIS	342	603	11.6	1.0	1.0
9	PSMC	320	316	1.2	1.0	1.0
10	Nexchip	300	310	-3.2	0.9	1.0
	Total of Top 10	31,962	29,172	9.6	96.0	96.0

出典：TrendForce

るだろう。今のところ、２ｎｍプロセスという新しいＧＡＡ（ゲートオールアラウンド）３次元構造のトランジスタを使う製造手法だが、すでにＴＳＭＣやサムスンは試作から量産検討を進めており、ラピダスよりも一歩先を行く。

　ラピダスは、米国のスタートアップ２社を顧客として表明しているが、スタートアップだけに心もとない。技術がどんなに優れていても、使いにくいＩＣであれば顧客は離れていく。

　10年先も恐らくＴＳＭＣの天下は変わらないだろうが、唯一の心配は、中国の台湾侵略である。これがないという仮定ではＴＳＭＣがトップであることは変わらないだろう。

7-2
半導体製造装置企業

2023年における半導体製造装置トップはオランダのASMLであり、2位は、米国のアプライドマテリアルズ（AMAT）、3位は米ラム・リサーチ、4位東京エレクトロン、5位米KLAという順である（図7－3↓216ページ）。これまでAMATがトップの座を占めていたが、2023年は初めてASMLがトップに立った。

製造装置は日本が強いというイメージだが、6位の半導体テスターのアドバンテスト、7位にオランダのASMI、8位京都のSCREEN、12位の旧日立製作所の日立ハイテクとなっている。

今のところ、新しい半導体製造装置企業は韓国や台湾で生まれているものの、まだ規模は小さい。また図7－3からもわかるように1位から5位までの規模と6位以下とは大きく離されている。

この中から有望な企業を探すなら、やはりAMATかもしれない。

図7-3 2023年における半導体製造装置企業ランキング

順位	地域	略称	企業	2022（百万ドル）	2023（百万ドル）	年成長率（%）
1	EU	ASML	ASML	21342.1	29013.9	35.9
2	NA	AMAT	Applied Materials	24854.4	25271.4	1.7
3	NA	LAM	Lam Research	19047.7	14317.1	-24.8
4	JA	TEL	Tokyo Electron	16439.4	12454.1	-24.2
5	NA	KLAC	KLA	10447.5	9639.8	-7.7
6	JA	ADVT	ADVANTEST	3548.5	2899.2	-18.3
7	EU	ASM	ASM International	2535.1	2849.0	18.4
8	JA	DNS	SCREEN	2768.6	2763.4	-0.2
9	NA	TER	Teradyne	2112.0	1819.0	-13.9
10	CH	NAURA	NAURA	1391.7	1810.2	30.1
11	KS	SEMES	SEMES	1927.1	1754.0	-9.0
12	JA	HTL	Hitachi High-Tech	2055.3	1644.3	-20.0
13	JA	DISCO	DISCO	1442.0	1606.0	11.4
14	JA	KSE	Kokusai Electric	2198.5	1368.6	-37.7
15	JA	LSR	Lasertec	705.5	1274.9	80.7
Total				112815.5	110184.7	-8.1
Total IC Mfg Equipment				137693.2	133714.7	-8.9

出典：TechInsight

というのは、半導体プロセスの微細化がほぼ止まり、先端パッケージング技術へと流れる道筋が見えてきた現在、すぐに先端パッケージ向けの製造装置にいち早く着手したのはＡＭＡＴだからである。

ＡＭＡＴは米国のウシオと共同で先端パッケージ用の微細加工（1μm）に適したレーザーリソグラフィを開発しており、最新トレンドへの対応が一歩早い。

7-3

半導体材料企業

半導体材料分野は、これまで分野ごとに強いリーダーがいた。**プロセスの前工程においては、フォトレジスト分野ではＪＳＲや東京応化工業など強く、シリコンウェーハそのものなら信越化学工業やSUMCOが強い。また現像液では、東京応化やTokuyamaが強く、洗浄液のＩＰＡ**（イソプロピルアルコール）**だとTokuyamaが強い。**

また、半導体プロセスだけの市場は小さいため、１社で十分間に合う分野が多い。例えば、トランジスタのゲート高誘電体膜を形成するときに使う前駆体（プリカーサー）では**ADEKA**が強い。金属配線で使うスパッタリングプロセスで使うターゲット材料では、**高純度化学研究所**が大手である。ＣＭＰ（化学的機械研磨）プロセスでは研磨剤を掛けながら圧力を加えてウェーハ表面に形成された余分な銅を削っていく工程があるが、その研磨剤ともいうべきスラリーを製造しているのが**トッパンインフォメディア**や**レゾナック**（旧昭和電工と日立化成工業の合弁）などで、余分なＳｉＯ２を研磨するスラリーは**ＡＧ**

Cや**レゾナック**などがいる。
半導体プロセスでは、使ったガスや薬品、材料が最後まで残っているものは少ない。例えばエッチングなどでは使ったらそのまま処理して廃棄されるものが多い。CFH系のガスは関東電化工業など手掛けているが、材料が残らないせいか、知られていないメーカーが非常に多い。残るものとして、フォトマスクは**大日本印刷**や**TOPPAN**が強い。

先端パッケージは後工程が頑張る

また後工程では、**レゾナック**や**住友ベークライト**、**日東電工**などがモールドパッケージの樹脂に強い。ただし、シリコンICを保護するプラスチックモールド樹脂メーカーは素材メーカーではなく、さまざまな樹脂や無機物（シリカ）などを混ぜる**コンパウンドメーカー**と呼ばれている。

チップやインターポーザを搭載する多層プリント回路基板では、**味の素ビルドアップフィルム**が最大シェアのようだ。またボンディングワイヤーでは**田中貴金属**が大手だ。

これらの材料メーカーの中で注目されているのが**レゾナック**だ。レゾナックは旧昭和電工と日立化成が合併してできた化学メーカーであるが、半導体へのシフト宣言をしている。

材料メーカーはこれまで、半導体メーカーから要求を受けてそれに応じた材料を作ってきたが、何度も半導体メーカーとのイタレーション（プロセスや手順を何度も繰り返すこと）を繰り返してきた。半導体側の工程がきちんと伝わっていなかったためだ。

一つの工程でベストな材料だとしても、その材料が次の工程でも残る場合、次の工程では仕様に合わないこともある。**このため半導体の工程をしっかり把握したうえで、それぞれの工程を担当する材料メーカー同士が集まって要求仕様を満たしているか、工程ごとにチェックするためのコンソーシアムをレゾナックが作っている。**

川崎市に研究施設を持ち、そこにいろいろな工程ごとに材料メーカーが集い実験してみるという場をレゾナックが提供する。工程ごとの材料メーカーが連携することで、半導体メーカーが欲しい材料を素早く提供することができる。レゾナックのようなメーカー自身がコンソーシアムを作ってコラボレーションするシステムは期待できそうだ。

7-4 EDA・IP企業

EDAベンダーには、**シノプシスとケイデンスデザインシステムズ、シーメンスEDA**のビッグスリーが強い。シノプシスは、EDA設計・検証ツールと半導体IPに強い。ケイデンスもIC設計・検証ツールに強いが、先端パッケージ設計も充実させ始めた。シーメンスEDAはIC設計に加え、後工程、さらにプリント回路設計ツールまで手掛けていたため、先端パッケージでは最右翼となる。

ただし、**先端パッケージでは3次元ICを実装することが増えてくるため、実装する前のシミュレーションも重要になる。**チップを重ねてからうまく動作しなくなると全てのチップを廃棄しなければならなくなるからだ。このための熱や電磁波ノイズの発生などをあらかじめシミュレーションして、正常に動作することを確認しておく必要がある。

このためシノプシスは、物理的な流体や電磁界解析などのシミュレーションが得意なアンシスの買収を決め、提案している。

アームの天下はいつまで続くか

ＩＰビジネスは**ＩＣ回路の中の一部の価値ある回路だけを提供する事業**であり、トップは英国の**アーム（主要株主はソフトバンクグループ）**である。アームはＣＰＵコアを進化させてきており、もともと32ビットのＲＩＳＣチップでＣＰＵを設計してきた。今は最先端の製品は64ビットで提供し、さらに高性能中心のコアと低消費電力中心のコアの両方を１つのＩＰとして提供するようになっている。

さらに**ＧＰＵ**も提供しており、スマートフォンのＣＰＵコアとしてクアルコムのSnapdragonやアップルのA16 Bionicシリーズなどのアプリケーションプロセッサに加え、Wi-FiやBluetoothなどのコントローラにもＣＰＵコアとしても搭載されており、これまでアームのＩＰコアを使った半導体ＩＣチップは累計で２８００億個を超えているという。

アームの次に売上額の多いのが**シノプシス**であり、シノプシスはＩＰを揃えてＥＤＡツールとともにファブレス企業やＩＤＭにシステムＬＳＩ設計を提供している。

ＣＰＵコアではこれまでアームの天下だったが、今後はＲＩＳＣ－Ｖコアという誰でも使えるコアが出てきた。ＲＩＳＣ－Ｖコアの最大の特長は、**命令セットの少ない本来のＲＩＳＣアーキテクチャで、ユーザーごとに命令セットを追加、カスタマイズできる**という点だ。基本的にプリミティブなＲＩＳＣ－ＶコアはGitHubから誰でもダウンロードして使えるのではあるが、アームのＣＰＵコアのようにそのまま使えるものではない。このためさまざまな機能を追加して提供するスタートアップが登場した。米国では**SiFive**、台湾では**Andes Technology**が使えるレベルのＲＩＳＣ－Ｖコアを提供している。

SiFiveや**Andes**のライセンス料はアームほど高くはないため、コストをさほどかけずにＳｏＣチップを作ろうという企業には適したＣＰＵコアといえる。アームの最大のライバルがこのＲＩＳＣ－Ｖコアである。

ライセンス料ではＲＩＳＣ－Ｖにかなわないが、ＣＰＵコアにプログラムするソフトウェアを手掛ける企業がアーム陣営には実に多く、**アームの最大の売りはエコシステムが確立されており、すぐにアームＣＰＵでソフトウェアを書いてくれる仲間がいることだ。**その点、ＲＩＳＣ－Ｖグループに参加するソフトウェア企業は増えているが、まだアームほどではない。しかし、5年後、10年後となるとＲＩＳＣ－Ｖコアの企業が伸びてくる可能性はある。アームはどう成長していくのか、そのシナリオが問われている。

7-5 半導体ユーザー企業

半導体ユーザーは２０００年以降、**電機からITにシフトした。**日本の総合電機はもはやユーザーではない。最大のユーザーは、ＩＴ企業であり、数の多さからいえば、**スマホメーカーとパソコンメーカー**である。また金額の大きさからいえば、データセンターを持つインターネットサービス業者、すなわちグーグルやフェイスブック（メタ）、アマゾン、マイクロソフトなどだ。

データセンターはコンピュータを寄せ集めてクラウドを形成することが多い。このため、さまざまな半導体チップを使う。**CPUやGPUだけではなく、周辺用のICやDRAMメモリ、NANDストレージ、それらを動かす電源用IC（DC-DCコンバータやAC-DCコンバータなど）も必要となる。**特にメモリやストレージは搭載する数量が多いためビジネスとしてはうまみがある反面、在庫がたまったときなどのリスクもある。

データセンターでは今後生成ＡＩを組み込むところが増えていくため、**生成AI業者**

が恐らくこれから最大の半導体ユーザーとなるだろう。しかも、クラウドコンピューティングからエッジコンピューティングへという流れもある。クラウドで学習したデータを使い、エッジ側でさらに追加学習してカスタマイズされたＡＩを積み込むことができるようになる。

ＡＩユーザーは今後、増加が期待されるため、ＡＩを組み込む業者がＡＩ半導体を求めるだろう。ＡＩは一過性のものではない。生成ＡＩの登場で利用法が豊富になった。完全にカスタマイズされたＡＩしかできなかった時代から、ある程度、共通に使える仕組みの生成ＡＩが登場することで、**イージーオーダーのような低コストで生成ＡＩを組み込んだシステムが実現可能になり、さらにＡＩは進展するだろう。**

エヌビデアィアＣＥＯのジェンスン・フアン氏が「AlexNet の10年後に生成ＡＩが生まれた。今後10年でＤＮＮ（ディープニューラルネットワーク）は再発明されるだろう」と予言している。生成ＡＩよりももっと簡便で、しかも正確な生成ＡＩが10年後に登場するとなると、半導体ユーザーの地図が変わっている可能性が高くなりそうだ。

おわりに

1個の半導体ＩＣ製品を作るのに実に多くの企業が関わっています。もはや1社では1個の半導体チップを作れなくなっています。

このため水平分業の考え方がとても重要です。

サプライチェーンの川上にいる企業を見下してはビジネスになりません。垂直統合の時代はほかの企業に売ることは難しかったのですが、水平分業が進んでいくと、川上の業者はほかの企業に販売できるからです。

特にサプライチェーンの上流になるほど、半導体産業とは関係なさそうな企業が名を連ねます。

例えば、食品産業の味の素はプリント基板の多層配線技術であるビルドアップ基板の最大手です。また太陽インキ製造は、プリント基板を保護する役割を持つソルダーペーストの大手です。半導体のパッケージング技術で、モールド機に使われる離型フィルムは三井化学が得意です。半導体メモリチップに使われる高誘電率のハフニウム酸化膜向け材料の原料（プリカーサー）はADEKAが得意です。

こういった企業は、ある意味「小さな巨人」です。

機械産業から半導体産業への参入も目立ちます。

半導体の製造装置に使うロボットアームやリニアガイドと呼ばれる直線運動を担う製造装置内の機械部分は日本精工や黒田精工、安川電機などが得意です。その機械を動かすためにはマイコンやアナログ、パワー半導体などの半導体製品も必要です。２０２１～22年の半導体不足の時に、半導体製品が入手できないから半導体製造装置を作れないという、笑うに笑えない話がありました。

サプライチェーンを無視したビジネスはもはや成り立ちません。これまでの日本企業の慣行であった、大企業↓下請け企業①↓下請け企業②……といった垂直統合では半導体を製造できなくなりつつあります。

日本企業もマインドセットを変える必要があります。

この本では、半導体産業に何が起きているかを伝え、半導体に関わる設計から、製造、製造のサプライチェーンに関して解説しました。半導体の本はたくさん世の中に出ていますが、その多くは半導体製造や製品に関する本が多く、半導体を作るための設計に関する本は少なかったように思います。

製造が製造装置や材料、部材など事細かく分化していることと同様、設計でもIPベンダーや、設計や検証作業だけを受け持つサービスであるデザインハウス、設計を自動的に行うための設計ツールベンダー、さらに設計図ともいうべきフォトマスクの製造などへと分かれています。もちろん設計と製造をつなぐ作業もファウンドリは担っています。

半導体工場には大量の半導体製品を使って制御する機械が増えています。生産歩留まりや、ウェーハ内やウェーハ間のチップ不良品の有無を調べるシステムはコンピュータで動きます。このため半導体製造にもソフトウェアやデータサイエンティストが重要になりつつあります。

もちろん設計は自動化しているため、ソフトウェアやデジタル回路、データ分析の知識は欠かせません。つまり半導体は物理、化学から数学、光学、工学などへと拡大していますので、総合的な知識が必要で、さまざまな分野の知識を持つ人材が求められているのです。

実は以前から、半導体を設計から製造、装置、材料までサプライチェーン全体を網羅した本がないため、そのような本を書きたいと思っていました。幸い、フォレスト出版の寺崎翼氏から執筆依頼の声をかけていただき、今回の出版に至りました。ちょうどお声がけしていただいた時は、別の本の執筆最中であったため、2カ月延びてしまいましたが、ようやく出版できる段階までこぎつけました。

半導体の書籍企画をご提案いただいたフォレスト出版のみなさま、ならびに本書をお読みいただいた読者のみなさまには深謝いたします。

この本が日本のビジネス、経済に寄与する一助になれば最高の喜びです。

2024年11月10日

津田建二

津田建二（つだ・けんじ）

国際技術ジャーナリスト
セミコンポータル編集長、News & Chips 編集長
半導体・エレクトロニクス産業を40年取材。日経マグロウヒル（現・日経BP）を経て、Reed Business Informationで、EDN Japan、Semiconductor International日本版を手掛けた。代表取締役就任。米国の編集者をはじめ欧州・アジアのジャーナリストとの付き合いも長い。
著書『メガトレンド半導体 2014-2023』（日経BP）、『欧州ファブレス半導体産業の真実』『知らなきゃヤバイ！ 半導体、この成長産業を手放すな』（共に日刊工業新聞社）、『エヌビディア―― 半導体の覇者が作り出す2040年の世界』（PHP研究所）など。

装幀　三森健太（JUNGLE）
本文・DTP　土屋光（Perfect Vacuum）
編集協力　塚越雅之（TIDY）
校正　聚珍社

半導体ニッポン

2024年12月22日　初版発行

著者　津田建二
発行者　太田宏
発行所　フォレスト出版株式会社
〒162-0824 東京都新宿区揚場町2-18 白宝ビル7F
電話　03-5229-5750（営業） 03-5229-5757（編集）
http://www.forestpub.co.jp
印刷・製本　萩原印刷株式会社

乱丁・落丁本はお取り替えいたします。
ISBN978-4-86680-305-0